普通高等教育“十三五”规划教材

机械原理课程设计

高　志　主　编

殷勇辉　章兰珠　副主编

華東理工大學出版社

EAST CHINA UNIVERSITY OF SCIENCE AND TECHNOLOGY PRESS

·上海·

图书在版编目(CIP)数据

机械原理课程设计 / 高志主编. —上海:华东理工大学出版社,2016.5(2025.1 重印)
普通高等教育"十三五"规划教材
ISBN 978-7-5628-4644-4

Ⅰ.①机… Ⅱ.①高… Ⅲ.①机械学-课程设计-高等学校-教材 Ⅳ.①TH111-41

中国版本图书馆 CIP 数据核字(2016)第 089906 号

内容提要

本书依据机械原理课程设计的培养目标,以提高机械系统运动方案创新设计能力为重点,在总结和提炼机械原理精品课程建设教学和改革成果的基础上编写而成。全书内容分为 5 章,即:机械原理课程设计的目的、内容与要求;机械运动系统的方案设计;机构创新设计方法;常用机构的建模与运动仿真;机械原理课程设计题目汇总。

本书可作为高等院校机械类各专业的教学用书,也可作为相关专业及工程技术人员参考书。

策划编辑 / 徐知今
责任编辑 / 徐知今
出版发行 / 华东理工大学出版社有限公司
地址:上海市梅陇路 130 号,200237
电话:021-64250306
网址:www.ecustpress.cn
邮箱:zongbianban@ecustpress.cn
印　　刷 / 江苏凤凰数码印务有限公司
开　　本 / 787mm×1092mm　1/16
印　　张 / 8.5
字　　数 / 211 千字
版　　次 / 2016 年 5 月第 1 版
印　　次 / 2025 年 1 月第 5 次
定　　价 / 32.00 元

前　言

本书是在总结华东理工大学机械原理精品课程建设团队多年来教学和改革经验的基础上编写而成的，是《机械原理》的配套教材，本书在继承了传统的机械原理课程设计内容的基础上，进一步明确了以机械系统的运动方案设计为主要目标，同时增强了机构的创新设计和仿真分析。

本书具有以下特点：

(1)结构体系完整。本书以机械系统运动方案设计为目标，注重各门课程知识点之间的相互衔接，便于学生完整掌握本学科的基本概念、基本理论和基本方法。在明确机械系统运动方案设计内容和要求的基础上，系统地提供了进行方案设计的整体思想和创新设计方法。

(2)创新突出。机械系统运动方案的创新必须注重于原理的创新，本书从机构组合法、机构变异法、常用机构及其创新设计三个方面，系统阐述了机械原理创新的设计思路，强化了学生的创新思维。

(3)归纳了一套机构仿真分析方法。机构的建模与运动仿真是机械原理课程设计的重要环节，仿真分析在机构设计中的重要性日益突出，本书以易学易用的 SolidWorks 2012 为软件平台，系统介绍了在机械系统运动方案设计中的建模与仿真分析方法。

(4)适应于多层次需求。本书体系完整，既可作为《机械原理》的配套教材，供各类高等院校学生学习；也可独立成书，满足工程技术人员的知识需求。

本书第 1 章、第 4 章由高志编写，第 2 章由殷勇辉编写，第 3 章由章兰珠编写，第 5 章由高志、殷勇辉、章兰珠共同编写。最后由高志、殷勇辉、章兰珠共同对全书进行统一审核。

华东理工大学出版社对本教材的编写和出版工作给予了极大的支持和帮助，在此一并表示衷心的感谢。

由于编者水平有限，不当及欠妥之处在所难免，真诚希望同仁及广大读者批评指正。

编者

2016 年 5 月

目　录

第1章　机械原理课程设计的目的、内容与要求

1.1　机械原理课程设计的目的

现代社会的发展和人民生活水平的提高，促进了对机械产品的需求日益增多，而机械产品设计首先需要对机械运动方案进行设计和构思。机械产品的技术水平，很大程度上是由机械系统运动方案设计的好坏来决定的。在机械系统运动方案的设计过程中，对于如何确定执行机构的动作；如何选择执行机构的形式；如何实现各执行机构间的运动协调；以及原动机的选择和传动系统的设计等，都是极富挑战性与创造性的工作。

机械原理课程设计是继“机械原理”课程教学之后的重要实践性教学环节，也是实现现代机械原理教学中以“机械系统的运动方案设计”为目标的重要组成部分。通过课程设计，使学生更全面、系统地掌握和运用机械原理课程中的基本原理和方法，并得到“根据设计任务确定机械运动方案、分析和设计机械的能力”及“创新设计能力”的基本训练。

机械原理课程设计希望达到以下目的：

(1) 在机械原理课程教学中，由于受到课程内容安排及章节相互独立的限制，学生很难把所学的各种机构的知识与一台整体机器的工作原理结合起来，因此在课程设计中，要求学生将分散于各章的机械原理理论知识和各种机构进行融合，进一步巩固和加深学生对所学知识的理解。

(2) 针对具体的设计任务，充分调动学生的实践和创新能力，通过对所学常用机构的选型、组合、设计和运用，使学生具备制定机械系统运动方案的基本能力。

(3) 通过课程设计，使学生对机械的运动、动力分析和设计有一个较完整的概念。

(4) 进一步提高学生理论计算、工程制图、计算机绘图与设计、技术资料组织、语言文字表达等综合能力。

(5) 进一步提高学生进行文献检索和查阅相关资料的能力。机械设计与创新能力的培养是一个不断积累的过程。在课程设计中通过文献检索，了解现有机械的原理与方案对进行机械运动方案的设计和优化来说是十分重要的。

特别说明：“机械运动方案设计”是机械原理课程设计的核心内容，要求学生开动脑筋、激发创新思维，提出多种可行的运动方案。

1.2　机械原理课程设计的内容

机械原理课程设计主要包括以下几个方面的内容：

(1) 根据对设计任务书的分析，明确设计目的、设计条件和设计要求。

(2) 针对设计任务，进行功能分析，提出多种设计方案，进行分析与综合。

(3) 确定实现各功能的机构类型，绘制机械系统运动简图。

(4) 对所选机构进行尺寸设计和运动分析,编制机构运动循环图。

(5) 运用三维设计软件进行各机构的结构造型和运动学仿真。

(6) 编写设计说明书。

1.3 机械原理课程设计的要求

1.3.1 课程设计说明书的内容

课程设计说明书是技术说明书的一种,是整个设计过程中各方面内容的整理和总结,也是科技工作者必须掌握的基本技能之一。通过课程设计说明书的编写,学生应学会整理设计思路、设计数据、绘制图表和简图,以及运用工程术语来表达设计成果的方法。

课程设计说明书的内容针对不同的设计题目会有所差异,但主要应包括如下内容:

(1) 设计题目与内容(设计任务书:包括设计条件、设计要求等)。

(2) 设计任务的分析与分解。

(3) 机械系统运动方案的拟订和比较。这是课程设计的核心内容,要求构思至少三种可行的运动方案;进行原动件、传动机构、执行机构的选择、比较及机构创新;并完成各部分相应的机构运动简图。

(4) 确定一种优化的机械系统运动方案。确定各部分机构的尺寸、绘制更为详细的机械系统运动方案布置图(机构运动简图)、制定机械系统的运动循环图。

(5) 采用 SolidWorks 软件,建立机构的三维造型。

(6) 对所选的机构进行运动仿真分析,绘制出相关的运动曲线。通常为执行机构一个周期以上的位移曲线、速度曲线、加速度曲线图。

(7) 对机构进行相关的力分析,绘制出相关的图形。

(8) 完成设计所用方法及其原理的简要说明,列出必要的计算公式和计算结果。

(9) 完成设计小结:要求写出设计中的创新之处和设计团队人员具体分工安排情况。

(10) 列出主要参考资料:要求 5 篇以上参考文献。

1.3.2 课程设计说明书的编排顺序与格式要求

1. 主要内容的编排顺序

(1) 封面;

(2) 目录;

(3) 正文;

(4) 设计小结;

(5) 参考文献。

注意:说明书中的图、表均要有编号和名称。

2. 字数、字体与行距要求

(1) 字数:正文 3 000 字以上,不包括图片;

(2) 字体:宋体,除封面外,一级标题采用四号字体,其余均为小四号字体;

(3) 行距:1.25 倍行距。

3. 纸张与页面设置

(1) 纸张:A4 纸,单面或双面打印均可。

(2) 页面设置:左、右、下边距为 2.5 厘米,上边距为 2.8 厘米。

4. 课程设计说明书封面的格式要求

设计说明书封面字体统一为宋体、小四,格式如附录所示。

1.3.3　参考文献的格式要求

参考文献主要有两类,即期刊和书籍。

1. 期刊格式

[序号]作者(用逗号分隔). 题名. 刊名,出版年,卷号:(期号),起始页码-终止页码。

2. 书籍格式

[序号]作者(用逗号分隔). 书名. 版本号(初版不写). 出版地:出版者,出版年。

1.3.4　附加说明

(1) 一套机构中通常只能采用一个原动件。

(2) 不要采用传感器的方式来协调机构的运动。

第 2 章　机械运动系统的方案设计

2.1 机械系统方案设计的内容

2.1.1　机械运动系统方案设计内容

尽管机器的类型和用途各不相同,但一台机器通常由执行机构、原动机、传动系统和控制系统这四个部分组成,其中执行机构、原动机和传动系统属于机械运动系统。机械运动系统的方案设计是机械设计过程中最重要的环节,它直接决定机械能否实现预期的功能、产品的性能优劣、经济效益的好坏以及产品在市场上的竞争力。

机械运动系统方案设计就是在明确设计任务的前提下,完成三部分的方案设计及各部分的协调设计。其中机械执行机构的方案设计是机械系统总体方案设计的核心,也是整个机械设计工作的基础。图 2－1 所示为机械执行机构运动方案设计流程。

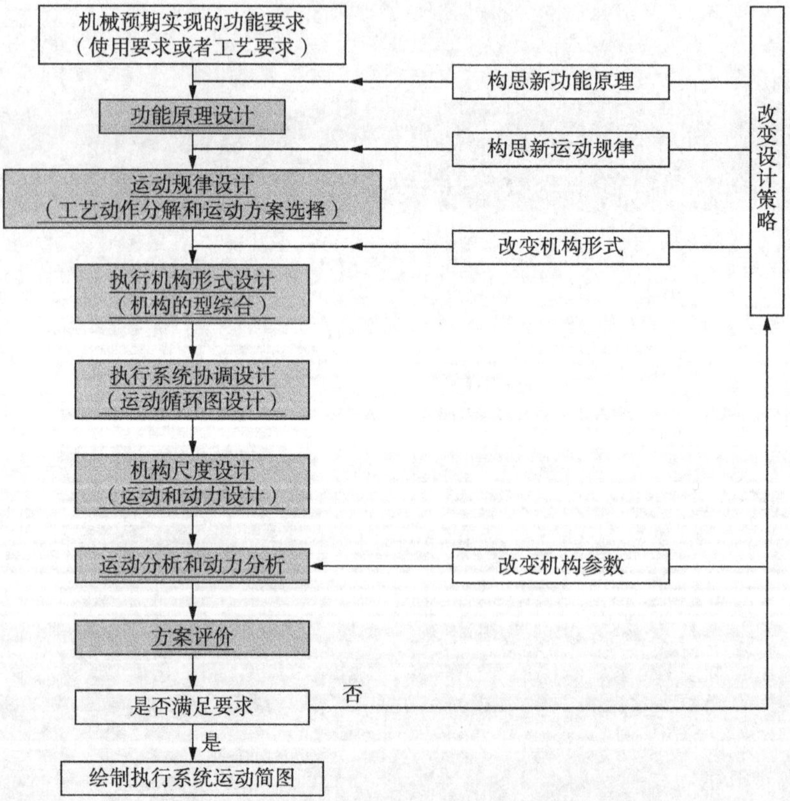

图 2－1　机械执行机构运动方案设计流程

执行机构方案设计的内容主要包括：根据设计对象的用途和要求，确定执行机构的预期功能，明确采用何种工作原理去实现预期的功能，按照一定的方式将功能分解成为功能单元，并确定采用何种机构或构件来满足各功能单元的要求，完成各机构或构件之间的运动协调设计和执行构件的尺度设计；进行执行机构的精度、运动学、动力学和其他性能分析，以便从多种可能方案中选出最优方案和备用方案。

原动机和传动系统的方案设计包括原动机选型，传动类型和传动路线的选择，传动链中机构的顺序安排和传动比的分配等。

因此，机械运动系统方案设计不仅要对各种基本机构及其演化、运动原理、工作特性、使用场合及各种设计方法有较深入和全面的了解，而且还要具备一定的专业和实践知识，充分发挥自己的想象力和创造才能，灵活运用各种设计技巧，才能使所设计的机构运动方案新颖高效、实用可靠，因此它也是最具吸引力、创造性和挑战性的工作。

2.1.2　拟订机械运动方案时应考虑的要求和条件

(1) 总体布局要求：动力源形式、传动机构与执行机构的总体布局、输入构件与输出构件的相对位置安排是机构选型和组合中必须考虑的因素。

(2) 运动规律要求：执行机构必须能实现输出构件的运动形式与运动规律。各种机构的适用工作速度是不完全相同的，这些工作速度范围是机构选型及组合安排的基本依据。

(3) 运动精度要求：运动精度的高低对机构的选型影响很大。

(4) 承载能力要求：各种机构的承载能力所能达到的最大工作速度是不同的，因而需要根据载荷的大小及动态特性等选择合适的机构。

(5) 使用要求和工作条件：使用单位所提出的生产要求，生产车间的条件，使用和维修要求等，均对机构选型和组合安排有很大影响，所以必须予以足够的重视。

(6) 人-机系统的要求：如机械与人的合理分工、机械操作的宜人性、机械的安全运转等，也是机械运动方案拟订时应考虑的重要因素。

2.2　机械执行机构功能原理设计

2.2.1　功能原理设计

功能原理设计是机械执行机构方案设计的第一步，也是最为重要的一步。其目的是根据机械预期的功能要求，构思和选择合适的机械功能原理(工作原理)，加以分析比较，并根据使用要求或者工艺要求，从中选择出既能很好地满足功能要求，工艺动作又简单的工作原理，并确定下一阶段的设计方向。

功能原理设计思路是：分析功能要求，根据功能要求提出可能实现它的功能原理。同一功能可选择不同的工作原理，相应的方案就必然不同。常用的功能原理有：摩擦传动原理、流体传动原理、电磁传动原理、机械推拉原理、材料变形原理、光电原理等。显然，对于实现同样预期的功能要求，可以采用多种不同的工作原理，而选择的工作原理不同，所设计机械的工艺动作、工作性能、技术水平和成本等方面就会有很大差异。

2.2.2 功能原理方案的构思

对执行系统运动方案进行构思时，应根据设计对象的用途和要求，合理地进行机械功能目标或原理的表述。通常对于功能的表述越抽象，则可实现的方案就会越多。构思时力求用最简单的方法来实现同一功能，并注意综合运用多学科的知识。

例如，设计办公室取便条用的取纸器，要求每次取一张，且要求取用方便、美观、成本低。则可以采用摩擦力、静电吸力、切向力等原理，实现分纸要求。

功能原理设计决定了设计产品的好坏，一个好的功能原理设计总是充满创新构思，因此，设计的重点在于提出创新的构思，使思维尽量发散，力求提出更多的解法进行优选。

以下为功能原理的求解实例。

1. 自动板料输送机的工作原理设计

要求设计一台自动板料输送机，能够从储料仓中自动输送物料。

根据逻辑分析法，可以对自动板料输送提出机械推拉原理、摩擦原理、气吸原理、磁吸原理等多种方法，根据取料位置，可以采用上部取料或下部取料。

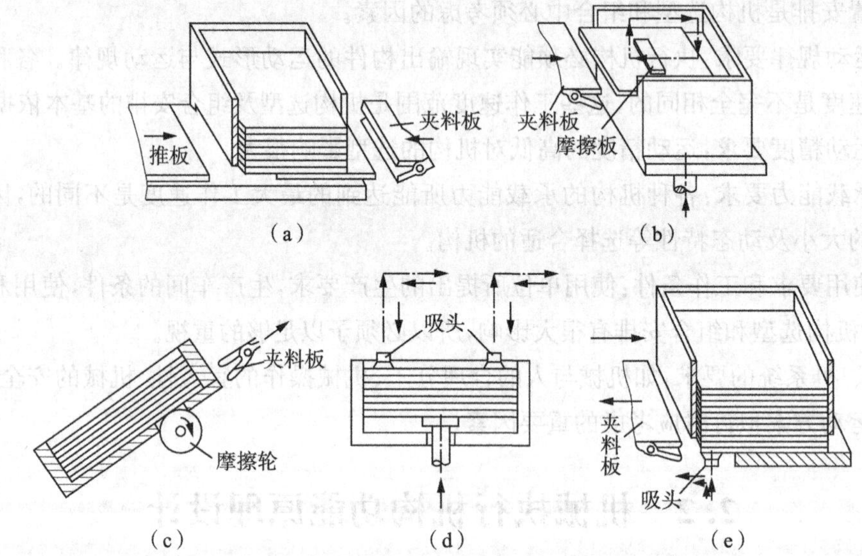

图 2-2 板料自动输送机的工作原理

图 2-2 列出了其中的几种工作原理。图 2-2(a)所示为机械推拉原理，将板料从底层推出，再用夹料板将其抽走；图 2-2(b)和图 2-2(c)所示为摩擦传动原理，图 2-2(b)为采用摩擦板从顶层推出一张板料，再用夹料板将其抽走；图 2-2(c)为摩擦轮将板料从底层滚出，再用夹料板将其抽走；图 2-2(d)和图 2-2(e)采用气吸原理，图 2-2(d)为顶层吸取法，可直接吸走顶层一张板料；图 2-2(e)为底层吸取法，吸附料板的边缘，再用夹料板将其抽走。当料板为钢材时，则可以采用磁吸原理。

2. 物料分选机工作原理设计

工业上进行物料的分类选择，可选用不同的分选原理，如浮力原理、电性分选、磁性分选、摩擦分选和惯性分选等不同方案，如图 2-3 所示。

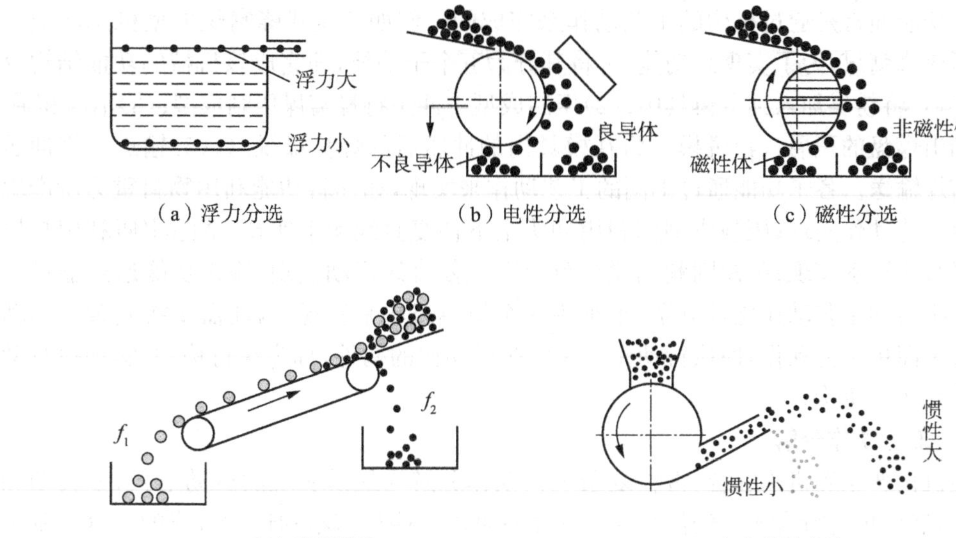

（a）浮力分选　（b）电性分选　（c）磁性分选

（d）摩擦分选　（e）惯性分选

图 2-3　分选机的工作原理

综上所述，对同一设计任务，可提出不同的工作原理。不仅如此，即使采取相同工作原理，所设计的机械运动方案也可能完全不同。如齿轮加工采用展成原理时，又可分为滚齿、插齿、剃齿等。因此，设计者在尽可能满足要求的前提下多拟订几个方案以便对比和优选。

2.3　机械执行机构运动规律设计

2.3.1　运动规律设计的目的及思路

实现同一工作原理，可以采用不同的运动规律。运动规律设计的目的，是根据功能原理所提出的工艺要求，构思出能够实现该工艺要求的各种运动规律，这一工作通常是通过对工作原理所提出的工艺动作进行分解来进行的。

运动规律设计思路是：对工作原理所提出的工艺要求构思能够实现该工艺要求的各种运动规律。设计时通常先对工艺方法和工艺动作进行分析，将机械拟订达到的总功能分解成多个功能元的运动和动作，如图 2-4 所示。

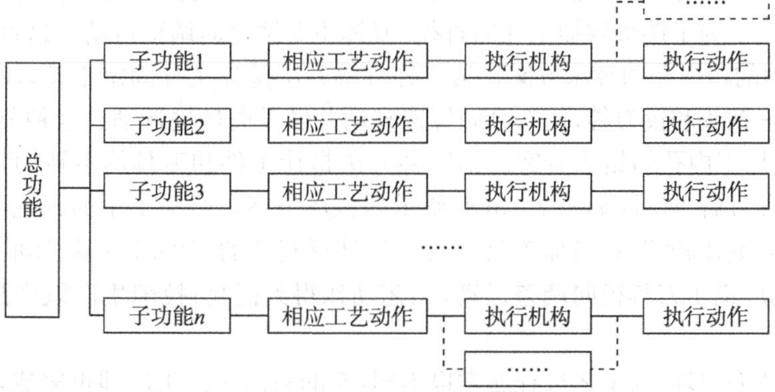

图 2-4　机器的功能、工艺动作与执行机构框图

机器的功能通常是通过机构的工艺动作来完成的。例如冲压式蜂窝煤成型机总功能是将粉煤冲压成蜂窝煤，为了实现总功能，可将其分为五个子功能，即完成该机械的功能结构分析。(1)加料　将粉煤加入到空模具中；(2)压制成型　冲头将蜂窝煤压制成型；(3)清除积屑　清除冲头和出煤盘的积屑；(4)脱模　将在模具内的冲压后的蜂窝煤脱出；(5)输送　将冲压成型的蜂窝煤输送。各子功能通过不同的工艺动作来实现，如加料功能利用物料重力所产生的垂直下落工艺动作实现；压制成型则利用冲头上下往复直线运动实现；清除积屑利用扫屑刷左右往复直线运动实现；脱模则利用脱模盘上下往复直线运动实现；输送功能通过输送带实现。通常机器的工艺动作比较复杂，很难用一个简单机构来实现，因此需要将复杂工艺动作分解成若干简单工艺动作，即执行动作。完成执行动作的构件，称为执行构件，实现执行动作的机构称为执行机构。

2.3.2　工艺动作分解

为方便机构选型和机构综合，常将复杂工艺动作分解为最易实现的运动形式，如转动和直线移动等，然后再进行合成。任何复杂的动作总是由一些最基本的运动合成的。这些基本运动形式有直线移动、转动、摆动、连续运动、间歇运动、步进运动等。例如，齿轮采取展成原理加工，可分解为切削、分度(展成)、进刀三个工艺动作，对应往复直线运动(切削运动)、对滚运动(展成加工运动)和直线移动运动(径向进刀)。

工艺动作分解的方法不同，所得到的运动规律各不相同。如根据刀具与工件间相对运动的原理，设计加工内孔的工艺动作可以有几种不同的分解方法，如图 2-5 所示。

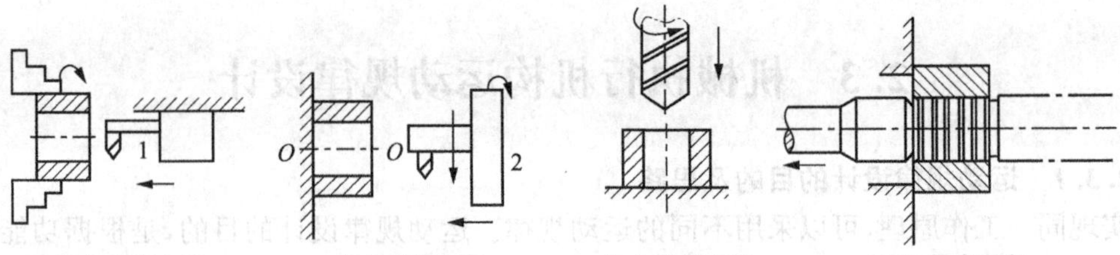

(a) 车床方案　(b) 镗床方案　(c) 钻床方案　(d) 拉床方案

图 2-5　加工内孔的机床工艺分解方案

第一种分解方法是让工件做连续等速转动，刀具做纵向等速移动；同时，为了得到所需的内孔尺寸，刀具还需做径向进给运动。工艺动作的这种分解方法，即如图 2-5(a)所示的车内孔的车床方案。第二种分解方法是让工件固定不动，使刀具既绕被加工孔的中心线转动，又做纵向进给运动。为了调整被加工孔的直径，刀具还需做径向调整运动。这种分解方法即如图 2-5(b)所示的镗内孔的镗床方案。第三种分解方法是让工件固定不动，而采用不同尺寸的专用刀具——钻头和铰刀等，使刀具做等速转动并做纵向送进运动。这种分解方法即如图 2-5(c)所示的加工内孔的钻床方案。第四种方法是让工件和刀具均不转动，而只让刀具做直线运动。这种分解方法即如图 2-5(d)所示的拉床方案。当加工小的圆柱形工件时，选用车床镗内孔的方案比较简单；当加工尺寸很大且外形复杂的工件时(如箱体的主轴孔)，可以采取镗削；钻削取消了刀具径向调整运动，工艺动作得到简化；拉削生产效率高，但所需拉力大，刀具昂贵。

对于不同功能原理，其工艺过程通常也不同，有的只需一道工序即可完成，有的则需几道工序才能完成。

图2-6所示糖果包装工艺过程包括6道工序。工序1完成送料，工序2进行上、下、前三个面的包装，工序3进行后面及两端折角包装，工序4完成两端下面的折边，工序5完成上面折边，工序6将最终包装好的糖果输出。

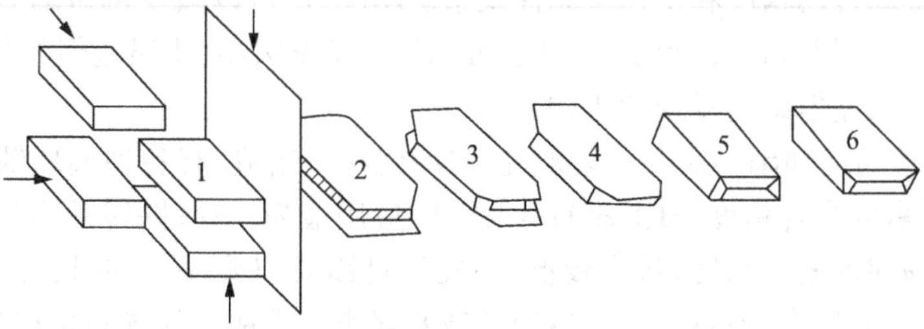

图2-6 糖果包装功能元分解的工序过程

在对运动规律进行设计时，不但要注意工艺动作本身的形式，还要注意其变化规律的特点，即运转过程中速度和加速度变化的要求。这些要求有些是工艺过程本身提出来的(如机床的走刀要近似匀速以保证加工工件的表面质量)；有些是从动力学的观点提出来的(为了减小机械运转过程中的动载荷等)。认真地分析和确定工艺动作的运动规律，对保证工艺质量、减小设备尺寸和质量以及降低功率消耗等，都具有重要的意义。

机械运动规律设计和运动方案选择所涉及的问题很多，设计者只有在认真总结生产实践经验的基础上综合运用多方面的知识，才能拟订出比较合理的运动规律和选择出较为优秀的运动方案。在拟订和评价各种运动规律和运动方案时，应同时考虑机械的工作性能、适应性、可靠性、经济性及先进性等多方面的因素。

2.4 机械执行机构的形式设计

机械系统执行机构的形式设计即决定实现上述运动规律选择何种执行机构实现，又称为机构的型综合。

机构的形式设计包括机构的选型和机构的构型，其直接影响到机械的使用效果、工作质量和结构的繁简程度等。因此，执行机构的形式设计是机械系统运动方案设计中举足轻重的环节，也是一项极具创造性的工作。

实现同一种运动规律，可以选用不同形式的机构。常见的机构形式有：连杆机构、凸轮机构、摩擦机构、螺旋机构、其他常用机构、组合机构、机构变异等。例如，为了实现直线往复运动，可选用齿轮齿条机构、螺旋机构、曲柄滑块机构、直动从动件盘形凸轮机构等。取纸器的执行机构形式设计可选用摇杆滑块摩擦机构，凸轮摩擦机构等。

当现有机构不能满足要求时，还可采用机构的扩展、组合或变异等多种方式来创新和设计新的机构。但究竟选择哪种机构，需要考虑机构的动力特性、机械效率、制造成本、外形尺寸等因素。根据所设计的机械的特点进行综合考虑，分析比较，从各种可能使用的机构中选择出合适的机构。

2.4.1 执行机构的形式设计的原则

(1) 满足执行构件的运动规律要求。满足执行构件的工艺动作和运动要求，包括运动形式、运动规律或运动轨迹方面的要求，是执行机构形式设计时要考虑的最基本和最重要因素。

(2) 力求机构结构简单。结构简单主要体现在机构运动链要短，采用的构件数和运动副数目要少，机构尺寸要适度，在整体布局上占用空间小、结构紧凑。这样不仅有利于减少运动链的累积误差，提高传动精度和工作可靠性及系统刚度；还可以减少机械的质量、运动副的摩擦损耗，提高效率。因此，在设计时，有时宁可采用具有较小设计误差但结构简单的近似机构，而不采用没有误差但结构复杂的机构。

(3) 选择合适的运动副形式。一般来说，转动副易于制造，有各种滚珠轴承可以选用，容易保证运动副元素的配合精度，且效率较高，因此，应用最为广泛；同转动副相比，移动副元素制造较困难，不易保证配合精度，效率较低，易发生自锁或楔紧，故一般只宜用于做直线运动或将转动变为移动的场合，但目前也有各种类型的直线轴承和直线导轨可以选用。高副机构的优点是易于实现较复杂的运动规律或运动轨迹，但高副元素形状较复杂且易于磨损，故一般用于低速轻载场合。

(4) 使机构具有良好的传动条件和动力特性。应注意选用具有较大传动角、较大机械增益和效率较高的机构。这样可减小主动轴上的力矩、原动机的功率及机构的尺寸和质量。

(5) 保证机构运转的安全性，避免发生机械损坏或出现生产和人为事故。例如，为了防止机械因过载而损坏，可采用具有过载安保性的带传动或摩擦传动机构；在起重机械中，经常采用具有自锁功能的机构(如蜗杆蜗轮机构)。

2.4.2 机构的选型及常用机构

所谓机构的选型，就是选择出满足执行构件运动和动力要求的机构的形式。其方法是在对已有的数以千计的各种机构按照运动特性或动作功能进行分类的基础上，根据设计对象中执行构件所需要的运动特性进行搜索、选择、比较和评价，选出执行机构的合适形式。

当有多种机构均可满足所需要求时，则可根据上节所述原则，对初选的机构形式进行分析和比较，从中选择出较优的机构。利用这种方法进行机构选型，方便、直观，适合于较为简单的执行机构的设计。

实现执行机构某一运动形式的机构通常有好几种，设计者必须根据工艺动作要求，受力大小，使用维修方便与否，制造成本高低，加工难易程度等各种因素进行分析比较，然后择优选取。实现执行构件各种运动形式的常用机构有以下几种。

1. 实现连续旋转运动的机构

连续旋转运动机构可分为匀速运动机构和非匀速运动机构两大类。

双曲柄机构(包括平行四边形机构、双滑块机构)，转动导杆机构，定轴齿轮传动机构(包括圆柱、圆锥、交错轴斜齿轮传动机构等)，蜗杆传动机构，周转轮系机构(包括少齿差、摆线针轮、谐波齿轮传动机构等)，各种摩擦轮传动机构，各种柔型传动机构(如带传动，链传动等)，非圆齿轮传动，齿轮-连杆机构，链轮-连杆机构，单、双万向联轴节等都能实现连续旋转运动。

如图 2-7 所示的平行四边形机构实现的机车车轮联动设计采用双曲柄机构。双转块机构可看作有双曲柄机构演化而来的双移动副导杆机构，如图 2-8 所示，导杆 3 同时与转块 2、从动转块 4 组成移动副。主动转块 2 匀速转动，通过导杆 3 使从动转块 4 同向整周转动，角速度相同。图 2-9 是双转块机构的典型应用实例，十字滑块联轴节中间盘 3 左侧凸肩和右侧凸肩垂直，左侧凸肩嵌入主动盘 2 的凹槽中，右侧凸肩嵌入从动盘 4 的凹槽中，实现有偏距的两平行轴间的转动。

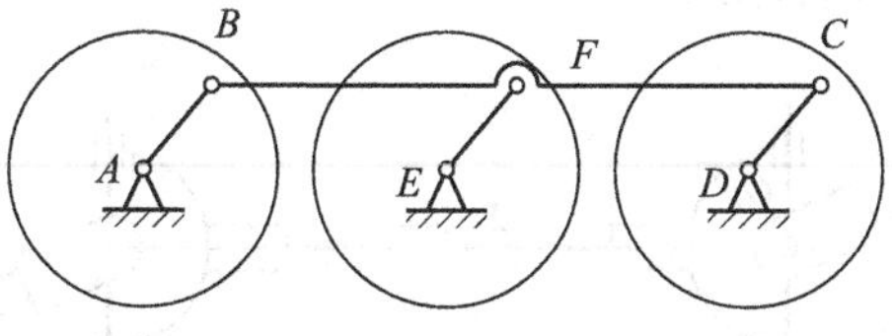

图 2 - 7　机车车轮联动的平行四边形机构

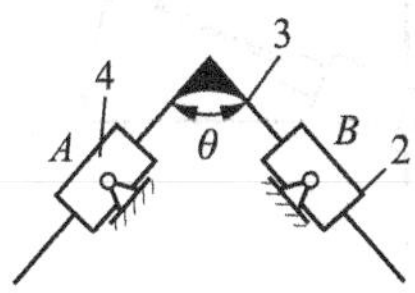

图 2 - 8　双转块机构

2,4—转块；3—导杆

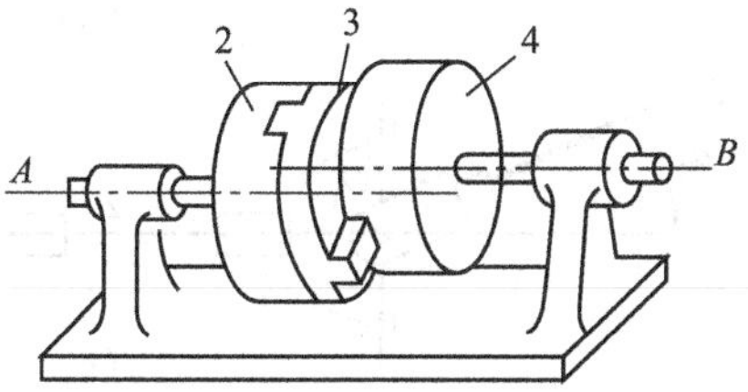

图 2 - 9　十字滑块联轴节

2—主动盘；3—中间盘；4—从动盘

图 2 - 10 为一滚齿机工作台的传动机构，电动机带动主动轴转动，通过齿轮传动分两路将运动分别传递给滚刀 6 和工作台 5，从而使刀具和轮坯之间具有确定的对滚运动。

齿轮机构与摩擦轮机构、带传动机构相比较，具有传递动力大、效率高、寿命长、传动平稳、可靠的优点，但制造精度和安装精度高、成本也较高。

摩擦传动机构主要由主动轮、从动轮、压紧装置等组成，是利用主、从动轮接触处的摩擦力来实现传动的，摩擦力的大小与传动轮间的压紧力大小成正比。其具有结构简单、传动平稳、易于实现无级变速、过载保护的优点；但传动比不准确、承载力低、传递功率小、效率低，常用在低速、轻载场合，如轻工、包装机械、电子工业中。

如图 2 - 11 所示，主动轴 Ⅰ 上装有固定半径的滚轮 1 匀速转动，依靠摩擦力带动从动轮 2 匀速转动，滚轮可沿轴 Ⅰ 移动，引起轴 Ⅱ 的转速改变，实现无级调速，通常用于两垂直相交轴的变速机构中。

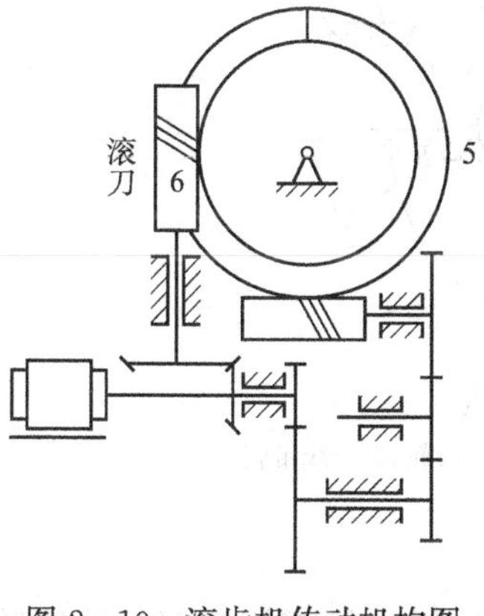

图 2 - 10　滚齿机传动机构图

5—工作台；6—滚刀

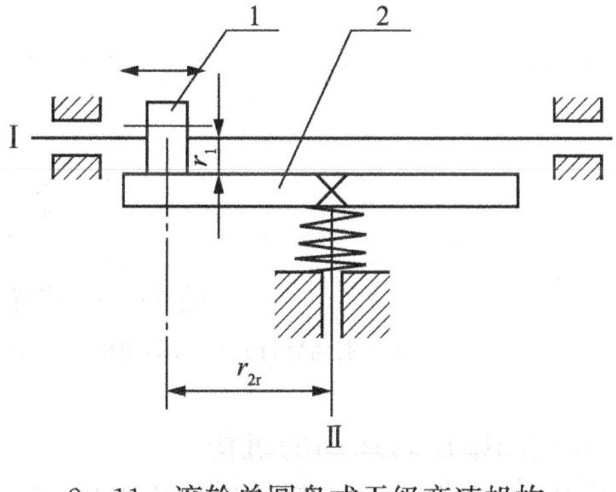

2 - 11　滚轮单圆盘式无级变速机构

1—滚轮；2—从动轮

图 2-12 为双万向联轴节，在机床、汽车、飞机及各类机械设备中广泛应用，两个单万向联轴节通过中间轴 2 连接，中间轴 2 做成两部分，用滑键连接以调节长度。主从动轴的安装有图 2-12(a)、图 2-12(b)两种形式。

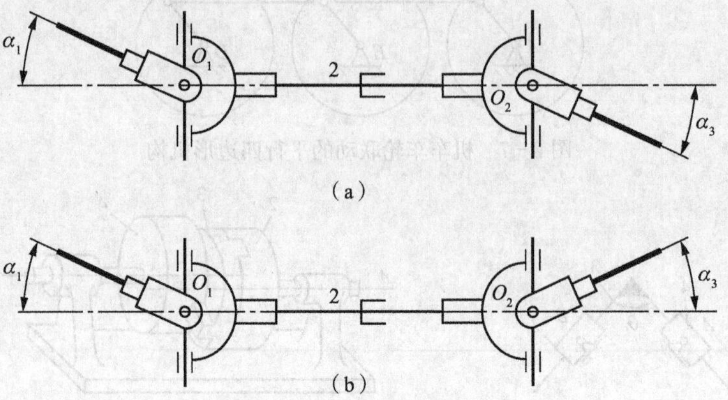

图 2-12 双万向联轴节

2—中间轴

图 2-13 为变速输纸机构，动力由 B 轴输入，当主动导杆 1 等速转动，从动曲柄 3 做变速转动，与其固联的齿轮 3′也做变速转动，通过齿轮 4、5、6 将动力传递到线带辊 6′，实现输送带上纸张的变速运动。

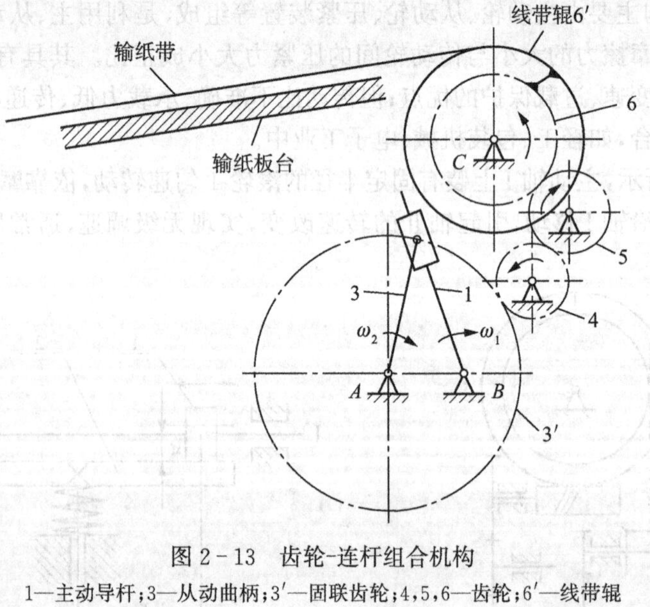

图 2-13 齿轮-连杆组合机构

1—主动导杆；3—从动曲柄；3′—固联齿轮；4，5，6—齿轮；6′—线带辊

2. 实现间歇旋转运动的机构

棘轮机构、槽轮机构、不完全齿轮机构、凸轮式间歇运动机构等都能实现间歇旋转运动。槽轮机构是用于转角固定的转位运动。棘轮机构用于每次转角小，或转角大小可调的低速场合。不完全齿轮用于大转角而速度不高的场合。凸轮式间歇运动机构运动平稳、分度定位准

确、但制造困难，常用于高精度定位、高速运动场合。

图 2 - 14 为凸轮驱动棘爪的棘轮机构，图 2 - 14(a)处于满推位置，棘轮 1 已被棘爪 2 和锁住钩 f 锁住。当凸轮 4 继续沿图示箭头方向旋转，凸轮大圆弧廓线部分转过后，其廓线使摇杆 3 顺时针方向转动，如图 2 - 14(b)所示，棘爪 2 与锁钩均与棘轮 1 脱开，棘爪落入另外一棘齿内。凸轮 4 继续旋转，又开始推动棘爪 2 做逆时针旋转。待凸轮的大圆弧廓线部分与棍子接触时，棘爪 2 与锁钩将棘轮锁住。

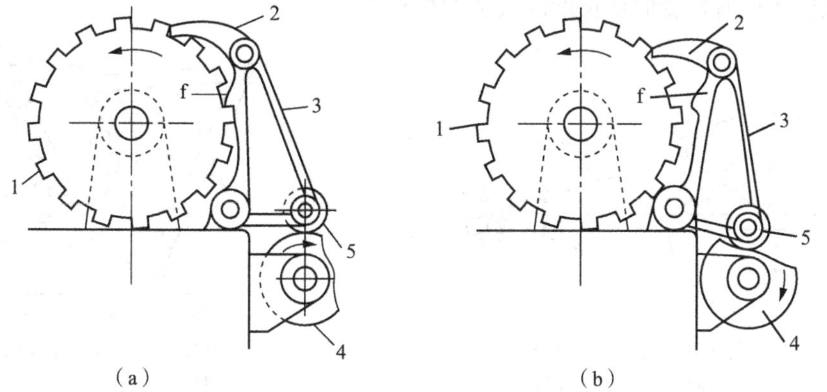

图 2 - 14　凸轮驱动棘爪的棘轮机构

1—棘轮；2—棘爪；3—摇杆；4—凸轮

图 2 - 15 为不完全齿轮机构，主动齿轮 1 做连续回转运动，当轮齿进入啮合区时，从动齿轮 2 开始转动，当主动齿轮 1 的轮齿退出啮合后，由于两轮的凸、凹锁止弧的定位作用，从动齿轮 2 能可靠停歇，从而实现从动齿轮的间歇回转运动。

图 2 - 15(a)的主动齿轮 1 上只有 1 个轮齿，从动齿轮 2 上有 8 个齿，故主动齿轮转 1 转时，从动齿轮只转 1/8 转。在图 2 - 15(b)所示的不完全齿轮机构中，主动轮 1 上有 4 个齿，从动齿轮 2 的圆周上有四个运动段和四个停歇段相间分布，每段上有四个齿与主动轮齿相啮合。主动齿轮转 1 转，从动齿轮转 1/4 转。

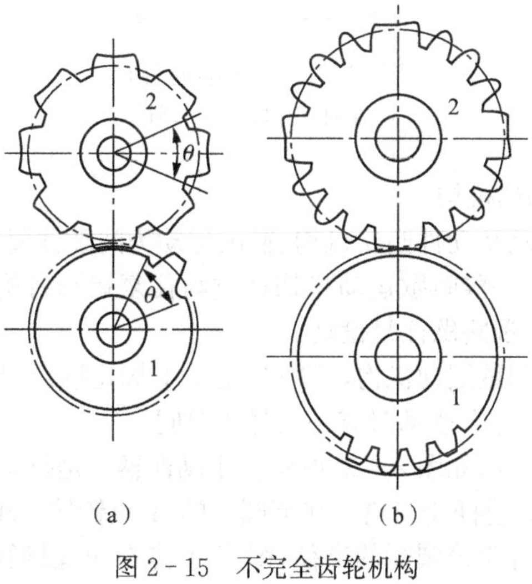

图 2 - 15　不完全齿轮机构

1—主动轮；2—从动轮

3. 实现往复摆动的机构

曲柄摇杆机构、摇块机构、摆动导杆机构、摆动从动件凸轮机构、双摇杆机构(包括等腰梯形机构)、由液压缸或汽缸驱动的齿条齿轮机构及输出运动为摆动的组合机构等都能够实现往复摆动。

图 2-16 为曲柄摇块机构，摇块 3 绕 C 点往复摆动，曲柄 1 绕 A 点整周转动，导杆 2 相对摇块 3 往复移动且绕 C 点摆动。在图 2-17 凸轮连杆机构中，导杆 1 绕 A 点转动，其上的径向槽内安装导块 3，使滚子 b 嵌在固定凸轮的沟槽 $a-a'$ 内，通过连杆 4 带动摇杆 2 绕 B 轴往复摆动，该机构可看作变曲柄长度的铰链四杆机构。

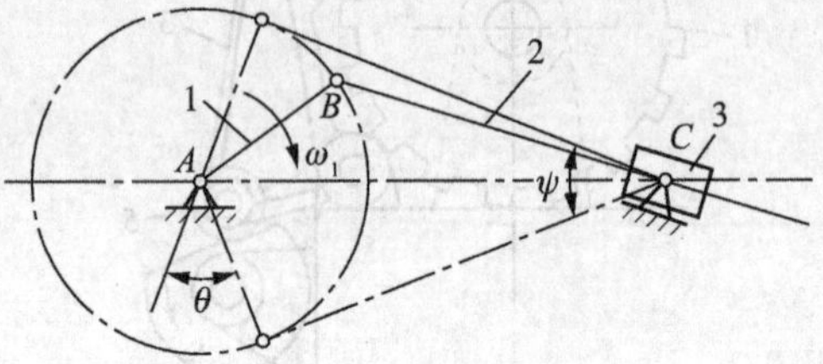

图 2-16 曲柄摇块机构

1—曲柄；2—导杆；3—摇块

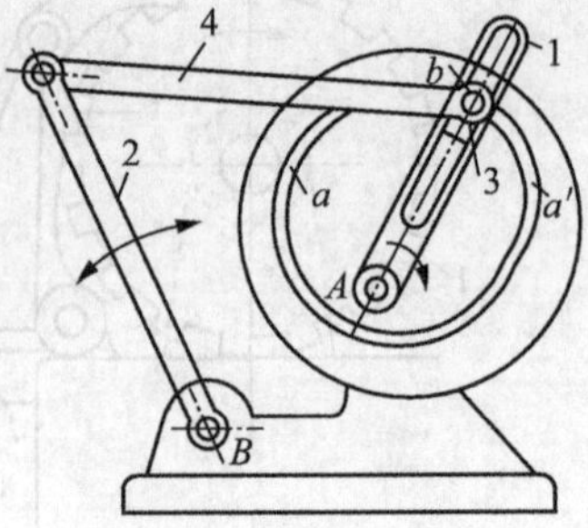

图 2-17 凸轮连杆机构

1—导杆；2—摇杆；3—导块；4—连杆

图 2-18 为摇头电扇机构，电机安装在摇杆 1 上，在转动副 A 处装有蜗轮，与蜗杆 5 啮合。使得摇杆 1 和 3 做往复摆动，达到风扇摇头的目的。

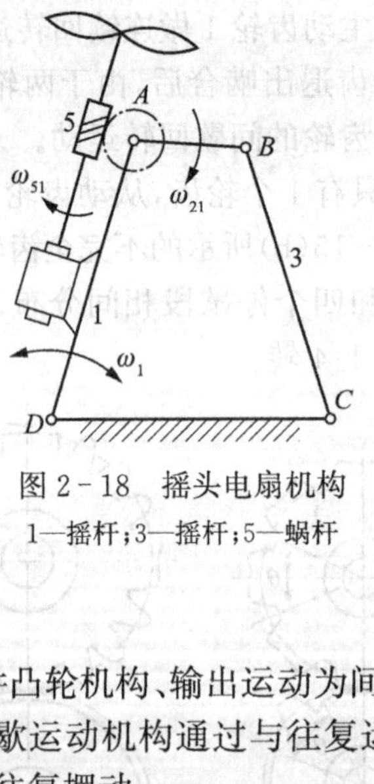

图 2-18 摇头电扇机构

1—摇杆；3—摇杆；5—蜗杆

4. 实现间歇往复摆动的机构

带有休止段轮廓的摆动从动件凸轮机构、输出运动为间歇往复摆动的组合机构等都能够实现间歇往复摆动。此外，一些间歇运动机构通过与往复运动机构的组合，或者通过控制驱动液压缸(或汽缸)，也能实现间歇往复摆动。

图 2-19 为共轭凸轮间歇摆动机构，共轭凸轮 1、1′固定联结，廓线分别通过滚子 2、2′与摆杆 3、3′相连，使得摆杆 4 左右摆动时有一段静止时间。

采用连杆-齿轮机构组合，如图 2-20 所示。主动曲柄 2 是行星架。行星轮 3 与固定中心轮 1 的节圆半径比为 1∶5，连杆 4 与轮 3 在节圆上的 A 点铰接。A 点的轨迹为内摆线，近似为圆弧。若连杆 4 的长度等于该圆弧的半径，则当 A 点在 ab 段运动时，摆杆 5 将在 ab 段做长时间的近似停歇。

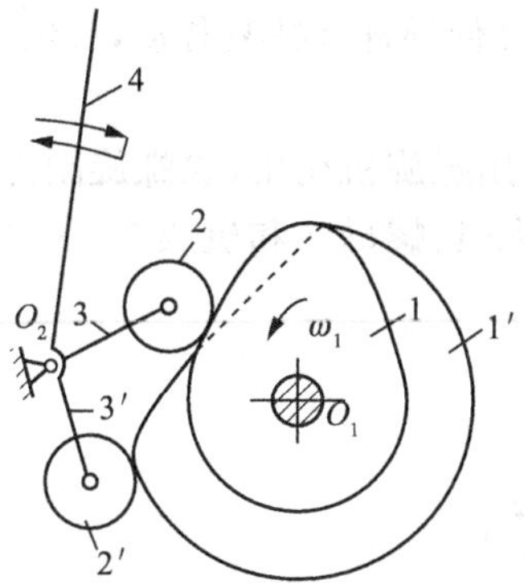

图 2-19　共轭凸轮间歇摆动机构

1,1′—共轭凸轮;2,2′—滚子;3,3′—摇杆;4—摆杆

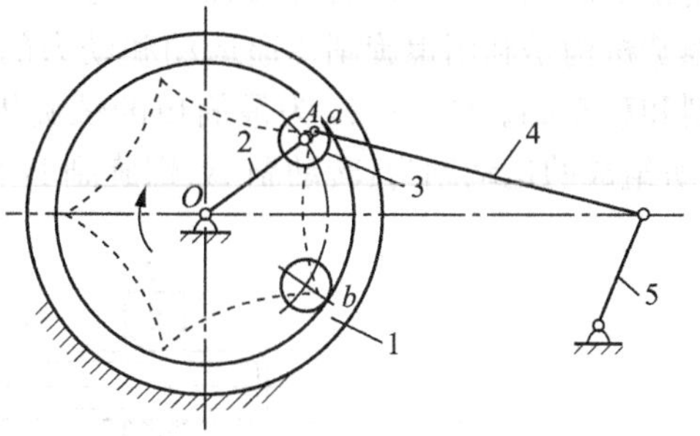

图 2-20　连杆-齿轮机构组合

1—中心轮;2—主动曲柄;3—行星轮;4—连杆;5—摆杆

5. 实现往复移动的机构

曲柄滑块机构、正弦机构、移动导杆机构、齿轮齿条机构、螺旋机构、各种移动从动件凸轮机构等都能够实现往复移动。此外,通过曲柄摇杆机构与摇杆滑块机构的组合或凸轮机构与摇杆滑块机构的组合也能实现往复移动。

如图 2-21(a)双曲柄机构中,主动曲柄 AB 等速转动,从动曲柄 CD 做变速运动,具有急回特性。图 2-21(b)中如再串联曲柄滑块机构 DCE,在 E 处固定筛子,则可用于具有更大惯性要求的物料筛选。

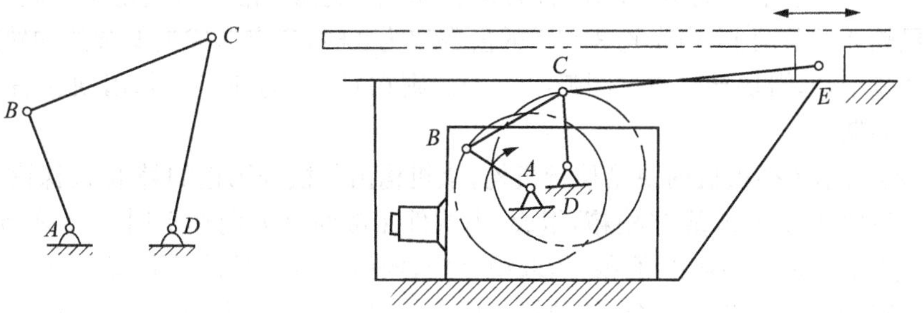

(a)　　(b)

图 2-21　双曲柄机构振动筛机构

图 2-22 为偏置曲柄滑块机构,轴柄的旋转运动可变换为滑块的往复移动,通过调整不同的偏距,可以获得不同的运动特性。

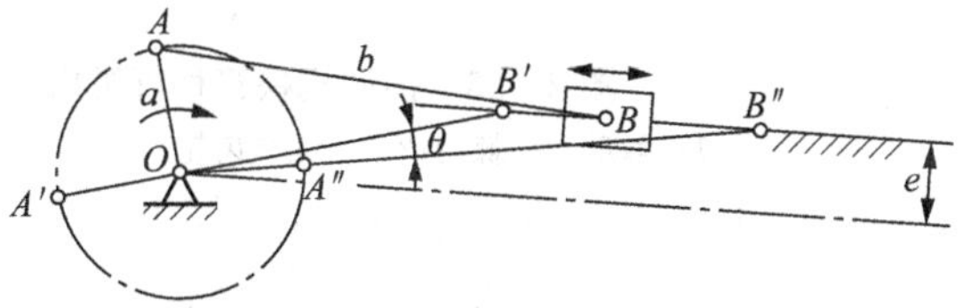

图 2-22　偏置曲柄滑块机构

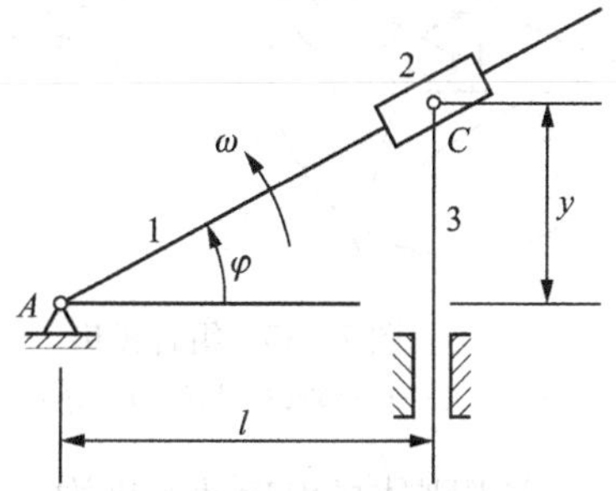

图 2-23　正切机构

1—摆动导杆;2—滑块;3—导杆

图 2－23 为正切机构，当摆动导杆 1 运动时，通过滑块 2 使导杆 3 往复移动，其位移与导杆摆角正切值成正比，常用在操纵机构中。

螺旋机构是利用螺旋副传递运动和动力的机构。在常用螺旋机构中，除螺旋副外，还有转动副和移动副。图 2－24 为最简单的螺旋机构，它由螺杆 1、螺母 2 和机架 3 三个构件组成，其所组成的运动副为：转动副 A、螺旋副 B 和移动副 C。

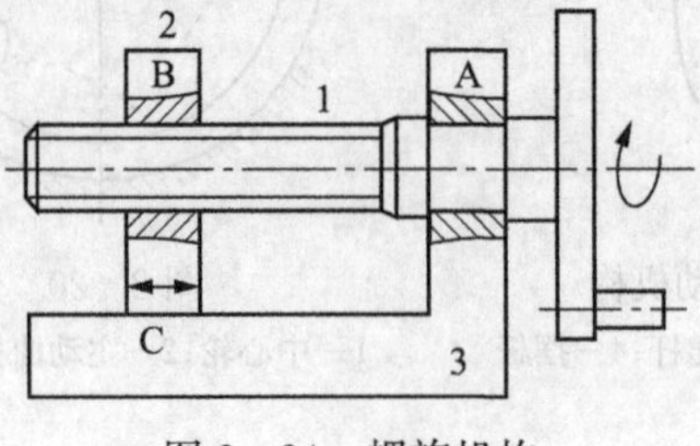

图 2－24　螺旋机构

1—螺杆；2—螺母；3—机架

6. 实现间歇往复移动的机构

利用连杆曲线的圆弧段来实现间歇运动的平面连杆机构、凸轮轮廓有休止段的移动从动件凸轮机构、中间有停歇的斜面拔销机构、不完全齿轮-移动导杆机构组合等都能够实现间歇往复移动。此外，棘轮齿条机构还能实现单向间歇直线移动运动。

在图 2－25 所示组合机构中，AB 杆带动行星轮 2 运动，轮 2 与固定中心轮 3 内啮合，C 点位于行星轮 2 的节圆上，当齿轮 3 和 2 的齿数比为 3 时，C 点形成近似圆弧的轨迹。使 4 杆长度等于圆弧半径，滑块导路通过圆弧中心 D。则在 C_3 运动到 C_1 时，滑块在右极限位置停歇 1/3 运动周期。

图 2－26 所示为插秧机的秧箱移行机构，该机构由与摆杆固连的棘爪 1、棘轮 2、与棘轮固连的不完全齿轮 3、上下齿条 4(秧箱)组成，当构件 1 顺时针方向摆动时，2、3 不动，上下齿条 4 停歇，此时秧爪(图中未画出)取秧；当取秧完毕，构件 1 沿逆时针方向摆动时，2 与 3 一起沿逆时针方向转动，3 与上齿条啮合，使秧箱 4 向左移动。当秧箱移到终止位置(见图 2－26 所示位置)，齿轮 3 与下齿条 4 啮合，使秧箱自动换向向右移动。

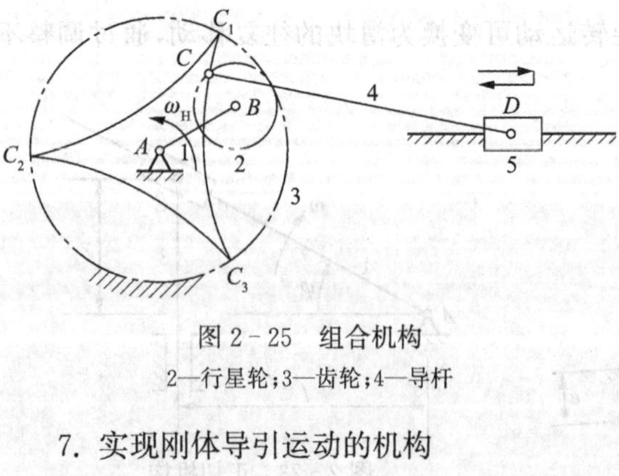

图 2－25　组合机构

2—行星轮；3—齿轮；4—导杆

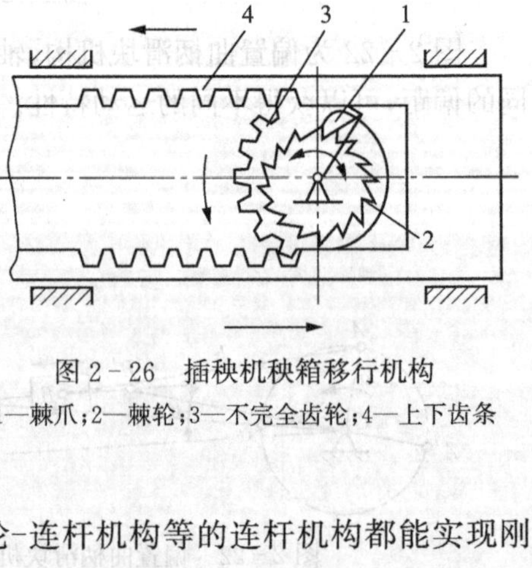

图 2－26　插秧机秧箱移行机构

1—棘爪；2—棘轮；3—不完全齿轮；4—上下齿条

7. 实现刚体导引运动的机构

铰链四杆机构、曲柄滑块机构、凸轮连杆机构、齿轮-连杆机构等的连杆机构都能实现刚体导引运动。

图 2－27 为飞机起落架机构，图 2－27(a)、图 2－27(b)分别为收起和放下机轮的位置。当起落架放下，连杆 BC 和从动件 CD 处在同一直线位置，使机构处于死点位置，能承受飞机落地产生的巨大冲击力。

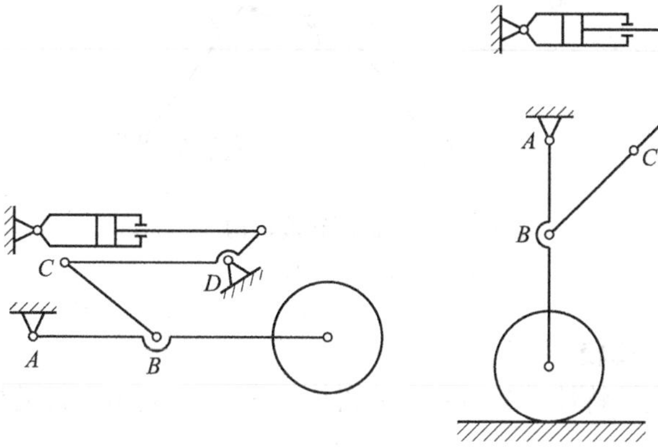

(a) 起落架收起位置　　(b) 起落架撑开位置

图 2－27　飞机起落架机构

8. 实现给定曲线(轨迹)运动的机构

根据特殊工艺要求、特殊工艺动作，或者因为导轨导向时存在困难，需要以转动副代替移动副实现直线轨迹，或因非圆工件难以加工等原因，常常需要一些能实现特殊轨迹或完成特殊动作，并能到达预期位置的机构。连杆机构中连杆上的点或凸轮机构中的从动件可以实现复杂轨迹。在图 2－28 中，当机构尺寸满足 $AC=1.5AB$、$BD=5.3AB$、构件 1 绕 A 点转动的条件时，构件 2 上 D 点的轨迹在某区间内为近似垂直 AC 的直线 qq'。

图 2－29 所示的鹤式起重机中，当选择 $AE=0.64AC$，$BE=1.18AC$，$BC=0.27AC$，D 点位于连杆 CB 延长线上一点，且 $DB=0.83AC$。AC 绕 A 点转动时，D 点的轨迹有一段为近似直线。

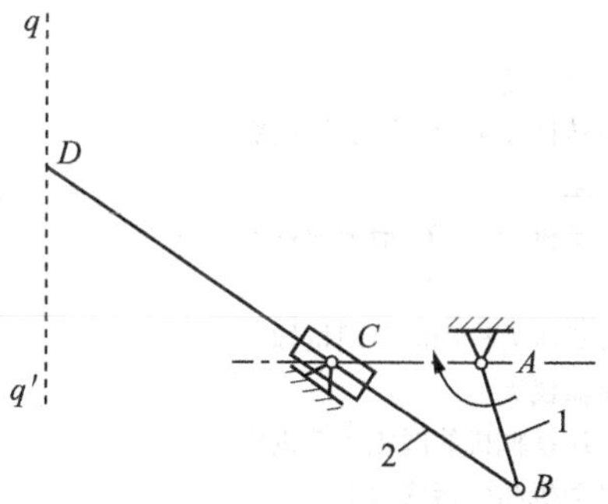

图 2－28　近似直线轨迹的曲柄摇块机构

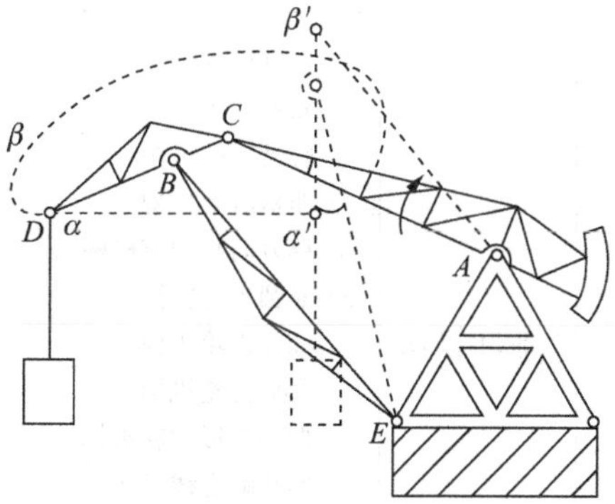

图 2－29　鹤式起重机近似直线机构

在图 2－30 中，当该四杆机构满足 $BC=DC=CM=3.12AB$；$AD=2.94AB$，$\beta=120°$，连杆 2 上的 M 点近似为圆形。

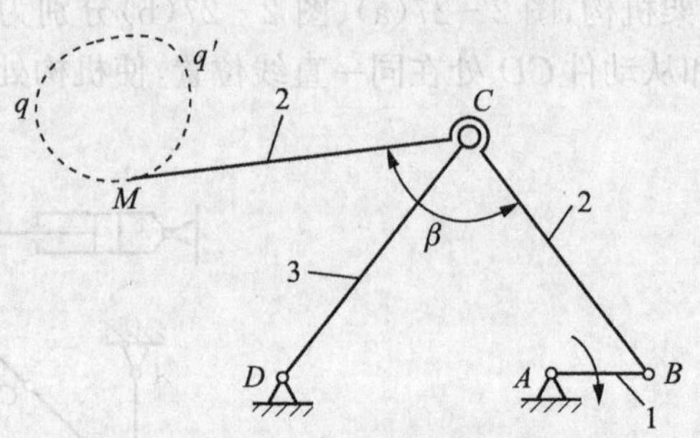

图 2-30　近似圆轨迹机构

1,3—导杆;2—连杆

2.4.3　机构运动性能比较

表 2-1 列出了常见运动特性及其所对应的机构。表 2-2 列出了常见机构的运动和动力性能。

表 2-1　常见运动特性及其对应机构

运动特性		机构类型	机构举例
连续转动	匀速转动	(1) 连杆机构	
		平行四边形机构	火车车轮联动机构
		转动导杆机构	双缸旋转泵
		双转块机构	十字槽联轴节
		双万向联轴节机构	平行或非平行轴的运动
		(2) 齿轮机构	
		轮系	机床进给机构、减速器
		(3) 摩擦传动机构	低速、轻载场合
		(4) 带传动机构	中心距较大的两轴间的传动
		(5) 链传动机构	低速重载机
		(6) 挠性传动机构	适于平行轴传动中的无级调速
	非匀速转动	(1) 连杆机构	
		双曲柄机构	惯性振动筛
		转动导杆机构	回转柱塞泵、叶片泵、切纸机
		曲柄滑块机构	冲床
		单万向联轴节机构	用于机床、汽车、冶金设备等
		(2) 非圆齿轮机构	
		椭圆齿轮机构	卧式压力机中的急回机构
		卵形齿轮机构	仪器仪表
		偏心圆形齿轮机构	毛纺精梳机的圆梳传动机构
		非圆瞬心线机构	自动机和仪器仪表中
		(3) 组合机构	
		挠性件连杆机构	轻工机械中驱动送料的滚轮
		齿轮连杆机构	实现复杂运动规律的自动机

续表

运动特性		机构类型	机构举例
往复运动	往复移动	(1) 连杆机构	
往复运动	往复移动	曲柄滑块机构	简易搓丝机、车门启闭机构
往复运动	往复移动	移动导杆机构	抽水机、缝纫机针头机构
往复运动	往复移动	正弦机构	往复式水泵、振动台
往复运动	往复移动	正切机构	
往复运动	往复移动	(2) 凸轮机构	配气机构、锻锤机
往复运动	往复移动	(3) 齿轮齿条机构	
往复运动	往复移动	(4) 楔块机构	压力机械、夹紧装置、推压、缓冲装置
往复运动	往复移动	(5) 螺旋机构	压力机、车床进给装置
往复运动	往复移动	(6) 气动机构、液压机构	升降机
往复运动	往复移动	(7) 斜盘机构	柱塞泵
往复运动	往复摆动	(1) 连杆机构	
往复运动	往复摆动	曲柄摇杆机构	破碎机
往复运动	往复摆动	双摇杆机构	转向操纵机构、加紧机构
往复运动	往复摆动	摇杆滑块机构	车门启闭机构
往复运动	往复摆动	摆动导杆机构	牛头刨床机构
往复运动	往复摆动	曲柄摇块机构	液压摆缸
往复运动	往复摆动	梯形机构	汽车转向机构
往复运动	往复摆动	(2) 凸轮机构	凸轮剪刀机构
往复运动	往复摆动	(3) 组合机构	
往复运动	往复摆动	凸轮连杆机构	齐纸机构、打字机构、剪刀机构
往复运动	往复摆动	齿轮连杆机构	电风扇摇头机构、机械手抓取机构
往复运动	往复摆动	凸轮齿轮连杆机构	穿孔机构
间歇运动	间歇转动	棘轮机构 槽轮机构 不完全齿轮机构 凸轮式间歇运动机构	
间歇运动	间歇摆动		特殊形式的连杆机构、摆动从动件凸轮机构、齿轮-连杆组合机构、利用连杆曲线圆弧段或直线段组成的多杆机构等
间歇运动	间歇移动		棘齿条机构、从动件做间歇往复运动的凸轮机构、反凸轮机构、气动机构、液压机构、移动构件有停歇的斜面机构等
预定轨迹	直线轨迹	连杆近似直线机构 八杆精确直线机构 某些组合机构等	
预定轨迹	曲线轨迹	利用连杆曲线实现预定轨迹的多杆机构 凸轮-连杆组合机构 齿轮-连杆组合机	行星轮系与连杆组合的机构等
特殊运动要求	换向		双向式棘轮机构、定轴轮系(三星轮换向机构)等
特殊运动要求	超越		齿式棘轮机构、摩擦式棘轮机构等
特殊运动要求	过载保护		带传动机构、摩擦传动机构等

表 2-2 常见机构的运动和动力性能

机构类型	运动及动力特性
连杆机构	可输出转动、移动、摆动，并实现一定的轨迹、定位要求；经机构串接还可实现停歇、逆转、变速功能；利用死点可用于夹紧、自锁装置；由于运动副为面接触，故承载能力大；但平衡困难，不宜用于高速场合
凸轮机构	可输出多种运动规律的移动、摆动，但行程不大；由于是高副接触，需靠力或形封闭，不适用于重载场合
齿轮机构	圆柱齿轮可实现定传动比转动或移动，非圆齿轮可实现变传动比传动；功率和转速范围都很大；传动比准确可靠，制造精度要求高、成本高
螺旋机构	输出移动兼转动，还可实现微动、增力、定位等功能；工作平稳，精度高，但效率低，易磨损，常用作低速进给和精密微调机构
棘轮机构	输出间歇运动，并且动程可调；但工作时冲击、噪声较大，只适用于低速轻载场合
槽轮机构	输出间歇运动，转位平稳；有柔性冲击，不适于高速场合
挠性件机构	可传递匀速转动，还可实现远距离运动传递；常见挠性件有带、链、绳等

需要说明的是，表 2-2 中所列出的机构只是能实现这些运动形式的机构中的一小部分，在实际应用中，可进一步通过各种手册查阅。

由于利用执行机构的运动形式进行机构选型十分直观方便，设计者只需根据给定工艺动作的运动要求，从有关手册中查阅相应的机构即可。因此，这种方法使用非常普遍。若所选机构的形式不能令人满意，还可以对机构进行构型，以获得满足设计任务要求的新型机构。

在机械的传动系统和执行机构的设计中都存在机构选型的问题，我们仅以运动形式的变换要求介绍一些较适用的机构作为机构选型的入门，设计时可参阅有关的设计手册加以分析比较，选择或设计最佳方案。

2.4.3 机构的构型

在进行执行机构的形式设计时，当机构的选型不能满足所需要求时，则应跳出原有的思维模式，运用创新的方式进行机构的构型，即运用机构的组成及创新原理，重新构筑机构的形式。显然，它是一项比机构的选型更具挑战性和创造性的工作。这部分的详细内容见第 3 章。

2.5 机械执行机构的运动协调设计

2.5.1 运动协调设计的概念

在工程上，一台机械设备通常由多个执行机构组合而成。各个执行机构之间必须以一定的顺序协调动作，互相配合，以完成预定的功能和工作要求。如自动钻床机械，其执行动作包括送料块左右往复直线运动、定位块前后往复直线运动、夹紧块前后往复直线运动以及钻孔道具上下的往复直线运动。这个执行动作中，必须要求它们在时间上、次序上相互配合、协调，才能保障实现预定的总功能，这方面的设计工作通常称为机械执行机构的协调设计。

在对机械机构进行协调设计时，必须满足如下要求。

(1) 执行机构中执行构件的动作必须满足工艺要求。

(2) 执行机构中执行构件的动作要保证空间同步。

(3) 为提高机器生产率，应使各执行机构的动作周期尽量重合。

(4) 一个执行机构动作结束点到另一个执行机构动作起始点之间应有适当间隔避免发生干扰。

2.5.2　运动协调设计的方法

根据生产工艺的不同，机械的运动循环可分为两大类：一类是非周期性运动循环，即机械中各执行机构的运动规律是非周期性的，例如起重机、建筑机械和某些工程机械；另一类是周期性运动循环，即机械中各执行机构的运动是周期性的，经过一定的时间间隔后，各执行构件的位移、速度和加速度等运动参数就周期性地重复，生产中大多数机械属于这一类型。对于周期性运动循环的机械，执行机构运动协调设计的步骤如下所述。

1. 确定机械的工作循环周期

根据设计任务书中所定的机械的理论生产率，确定机械的工作循环周期。它是指一个工件在该设备的生产工艺过程中所需要的总时间，机械的工作循环周期即机械的运动循环周期，用 T 来表示。

2. 确定机械在一个运动循环中各执行构件的各个行程段及其所需的时间

根据机械生产工艺过程，分别确定各个执行构件的工作行程段、空回行程段和可能具有的若干个停歇段。确定各执行构件的状态(运动或停止)、在每个行程段所需花费的时间以及对应于原动件的转角(或在一个运动循环中的对应位置)。

3. 确定各执行构件动作间的协调配合关系

根据机械生产过程对工艺动作先后顺序和配合关系的要求，协调各执行构件在各行程段的配合关系。此时，不仅要考虑动作的先后顺序，还应考虑各执行机构在时间和空间上的协调性，即不仅要保证各执行机构在时间上按一定顺序协调配合，而且要保证在运动过程中不会产生空间位置上的相互干扰。

2.5.3　机械运动循环图

用来描述各执行构件运动间相互协调配合的图称为机械运动循环图。由于机械在主轴或分配轴转动一周或若干周内完成一个运动循环，故运动循环图常以主轴或分配轴的转角为坐标来编制。通常选取机械中某一主要的执行构件作为参考件，取其有代表性的特征位置作为起始位置(通常以生产工艺的起始点作为运动循环的起始点)。由此来确定其他执行构件的运动相对于该主要执行构件运动的先后次序和配合关系。常用的机械运动循环图有三种形式，即直线式、圆周式和直角坐标式。

直线式运动循环图能清楚地表达出一个运动循环内各执行构件运动的顺序和时间关系。以蛋糕切片机为例(图 2-31)，选择切片机的主轴为定标构件，以主轴转角为横坐标，安排送料机构和切刀机构运动的起止时间。主轴每转一周为一个工作循环，切刀机构的向下切蛋糕过程是在送料机构空回程中完成。如图 2-31(a))所示。该形式不能显示出各执行构件在各区段的大体运动规律，直观性较差，但绘制方法简单。

圆周式运动循环图以极坐标系原点 O 为圆心做若干个同心圆环，每个圆环代表一个执行构件，由各相应圆环分别引径向直线表示各执行构件不同运动状态的起始和终止位置，能比较直观地看出各执行机构主动件在主轴或分配轴上所处的相位，便于各机构的设计、安装和调试。图 2-31(b)所示为蛋糕切片机圆周式循环图。当执行机构数目较多时，由于同心圆环太多，不能一目了然；也无法显示各执行构件的运动规律。

直角坐标式用横坐标轴表示机械主轴或分配轴转角，以纵坐标轴表示各执行构件的角位移或线位移，实际上它相当于各执行构件的位移线图，但由于运动循环图仅用来表示各执行构件动作的次序和相位关系，因此各构件的各行程区段简化为上升、下降和水平的直线段，仅表示其位移在各阶段的变化趋势，而不是其实际的位移变化规律。直角坐标式运动循环图直观性最强，能清楚地表示一个运动循环中各动作的先后及各区段的位移变化、相位关系和运动配合关系，对指导各执行机构的几何尺寸设计非常便利。图 2-31(c)所示为蛋糕切片机直角坐标式循环图。

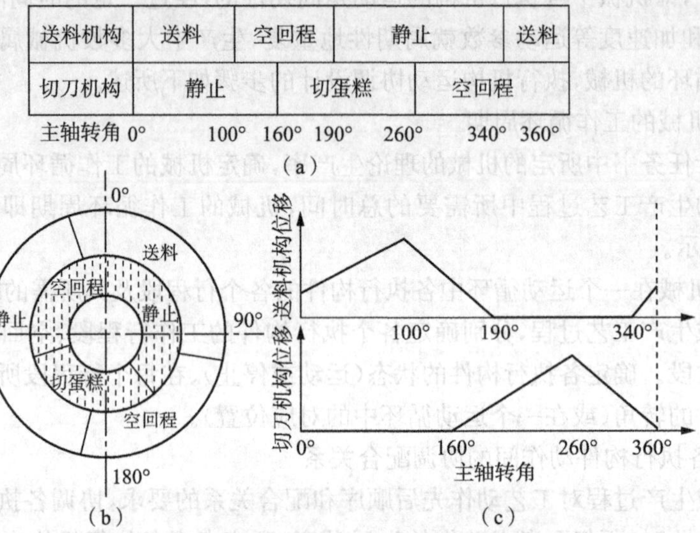

图 2-31　蛋糕切片机三种形式的运动循环图

2.6　设计实例

2.6.1　压片成型机设计要求

设计自动压片成型机，将具有一定湿度的粉状原料（如陶瓷干粉、药粉）定量送入压型位置，经压制成型后脱离该位置。机器的整个工作过程（送料、压形、脱离）均自动完成。该机器可以压制陶瓷圆形片坯、药剂（片）等。设计数据见表 2-3。

表 2-3　压片成型机设计数据

方案号	电动机转速/(r/min)	生产效率/(片/分)	成品尺寸($\Phi\times h$)/(mm·mm)	冲头压力/kg	δ	$m_{冲}$/kg	$m_{杆}$/kg
A	1 450	10	100×60	15 000	0.10	2	5
B	970	15	60×35	10 000	0.08	10	4
C	970	20	40×20	10 000	0.05	9	3

2.6.2　压片机的功能分解和运动功能拟订

如图 2-32 所示，压片成型机的工艺动作是：

(1) 干粉料均匀筛入圆筒形型腔[图 2-32(a)]。

(2) 下冲头下沉 3 mm，预防上冲头进入型腔时粉料扑出[图 2-32(b)]。

(3) 上、下冲头同时加压[图 2-32(c)]，并保压一段时间。

(4) 上冲头退出，下冲头随后顶出压好的片坯[图 2-32(d)]。

(5) 料筛推出片坯[图 2-32(a)]。然后再次重复(1)～(5)的动作。

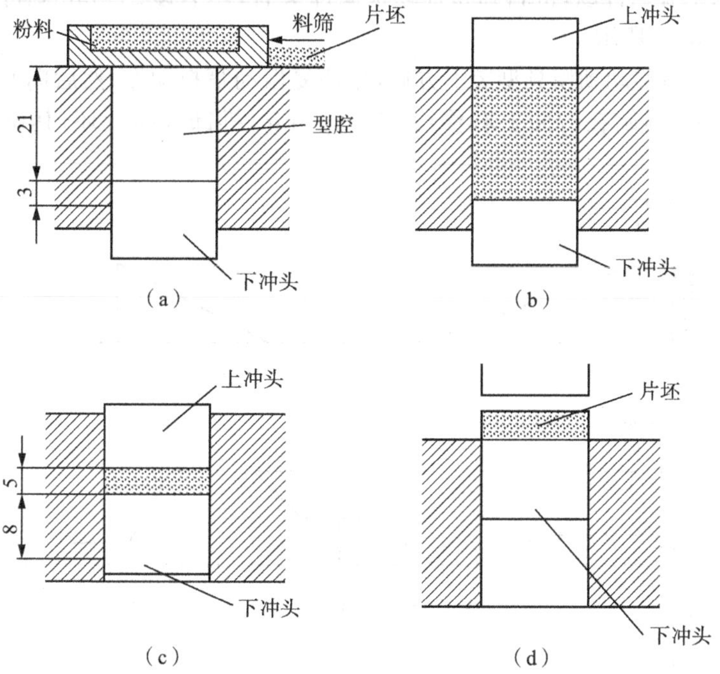

图 2-32　压片成型机工艺动作

之所以按照上述(1)～(5)工艺动作过程，有多种原因，如干粉用筛入的方法，可免除结块料和杂质进入；下冲头下沉 3 mm，为了防止上冲头下行进入型腔时，带动的气流将粉料扑出；上、下冲头同时加压是确保内部材料的致密性趋于一致，较好地保证产品的质量；加压完成后保压 1～2s，是为了使压制的成品形状稳定下来。

根据上述工艺动作过程，可将压片机功能分解为粉料上料功能、加压功能和成品下料功能。该压片机包括有模具(圆筒形型腔，固定在机器台面上)和上冲头、下冲头、送料筛 3 个运动执行构件。加压功能由上下冲头的运动来实现，而料筛的运动既完成了上料功能，也完成了下料的功能。

为了保证各执行机构在运动时间上的同步性，可将各执行机构的原动件安装在同一根轴上，或通过一些传动装置把它们与分配轴相连，整个机构系统由一个电机带动，使各执行机构的运动循环时间间隔相同，并按照顺序循环协调工作。由于料筛和上冲头的运动轨迹是相交的，故两者运动时应注意时间上和空间上的协调一致，避免相撞。

在保证不干扰的情况下，可尽量使各执行构件的动作部分重叠安排。如上冲头尚未退到上顶点时，料筛即可开始移动送进，料筛尚未完全退回时，上冲头即可开始下行。这样有利于提高生产效率，或可延长执行机构的运动时间，减小加速度，改善机构的运动和动力性能。

执行构件的运动形态和操作方式拟订如下。

(1) 上冲头完成上下往复直线运动(铅垂方向);下移至终点后有短时间的停歇,起保压作用,保压时间为 1s 左右。因冲头上升后要留有料筛进入的空间,故冲头行程为 90～100 mm。若主动构件转动一周完成一个工作循环,则上冲头位移线图如图 2-33(a)所示。

(2) 下冲头先下沉 3 mm,然后上升 8 mm,加压后停歇保压,继而上升 16 mm,将成型片坯推顶到与台内平齐后停歇,待料筛将片坯推离冲头后,再下移 21 mm 到待装料位置,其位移线图如图 2-33(b)所示。

(3) 在料筛向右移动到模具型腔上方后,作往复振动筛料动作,然后向左退回;待坯料成型并被推出型腔后,料筛在台面上右移约 45～50 mm,推卸成品片坯,其位移线图如图 2-33(c)所示。

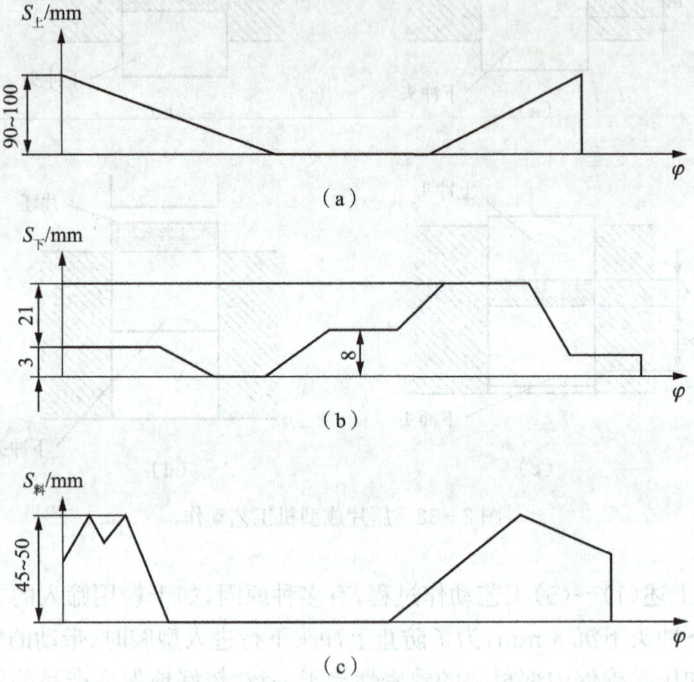

图 2-33 工艺动作分解

2.6.3 压片机运动循环图设计

运动循环图的目的是确定各机构执行构件动作的先后顺序、执行构件动作时相应主动件的位置(相位),以利于机构系统的设计、装配和调试。

上冲头加压机构主动件每转 1 周完成一个运动循环,所以拟订运动循环图时,以该主动件的转角为横坐标(0～360°),以机构执行构件的位移为纵坐标画出位移曲线。运动循环图上的位移曲线主要着眼于运动的起讫位置,而不必表示其精确的运动规律。

料筛从推出成品片坯的位置经加料位置口,左右往复实现筛料,如图 2-34 中①所示,完成后退至最左边(起始位置)停歇;料筛刚退出,下冲头即开始下沉 3 mm,下冲头下沉完毕,如图 2-34 中②所示;上冲头可下移到型腔入口处,如图 2-34 中③所示;上冲头下移至平台下 3 mm 处,下冲头开始上移,实现对粉料的上下加压;这时上下冲头各移 8 mm,如图④所示;随后停歇保压,图如 2-34 中⑤所示;通过保压时间可求出主动件转过的角度;随后上冲头开始退出,如图 2-34 中⑥所示;下冲头稍候向上移动到与台面平齐,即上升 16 mm,将成型片坯顶到与台面平齐后停歇，将坯料推出型腔，如图 2－34 中⑦所示；料筛在台面上右移约 45～50 mm，推卸片坯，如图 2－34 中⑧所示；待料筛将片坯推离冲头后，下冲头再下移 21 mm，如图 2－34 中⑨所示。料筛到待料位置，在模具型腔上方往复振动筛料，进入下一个循环。

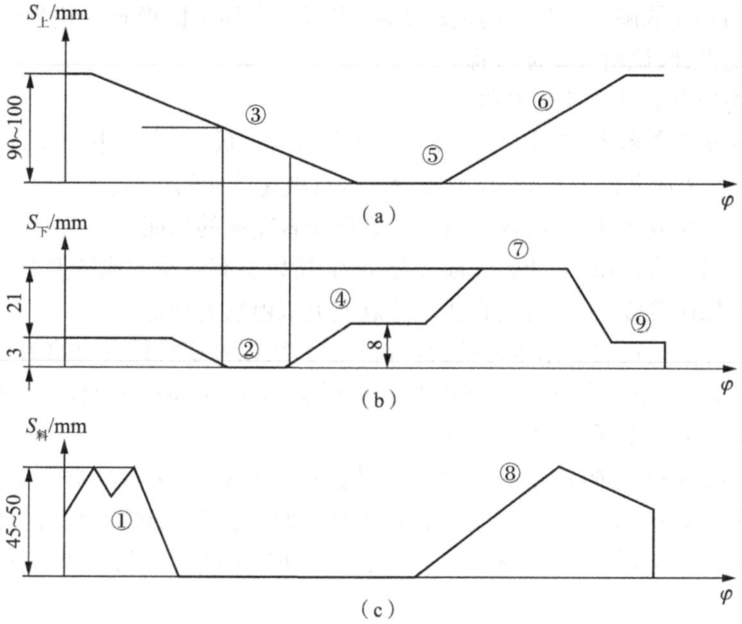

图 2－34　工艺动作步骤分解

上冲头完成往复直移运动，下移至终点后有短时间的停歇，起保压作用，保压时间为 0.4 s 左右。因冲头上升后要留有料筛进入的空间，故冲头行程为 90～100 mm。因冲头所需压力较大，因而加压机构应有增力功能，先下沉 3 mm，然后上升 8 mm，加压后停歇保压，继而上升 16 mm。在设计时，也可以有如下类似的直线式、圆周式或直角坐标式运动循环图。

送料筛	停止	送料	停止	
上冲头	向下	提升		
下冲头下沉		下沉		
下冲头加压	加压		加压	
φ	0°	90°	180°	270°　360°

(a)

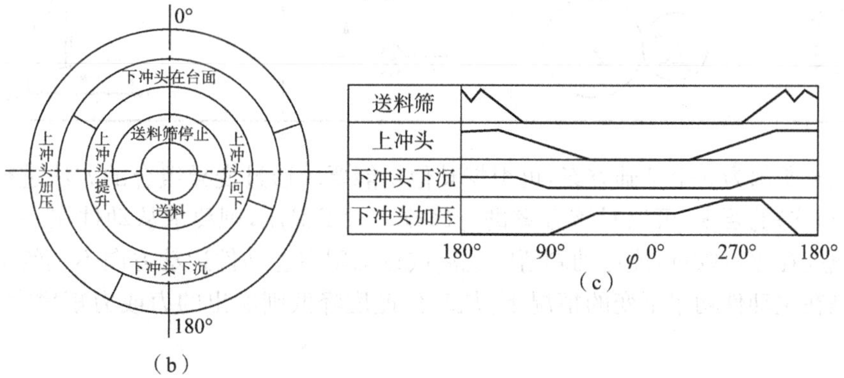

图 2－35　其他运动循环图

2.6.4 压片机运动方案设计

如上分析可知，该压片机机构应包括：实现上冲头运动的主加压机构、实现下冲头运动的辅助加压机构，实现料筛运动的上、下料机构。

各执行机构必须能满足工艺上的运动要求，可以有多种不同形式的机构供选用。下面针对主加压机构的设计，说明其具体过程。

主加压机构应有如下几种基本功能。

(1) 要求机器生产率为 25 片/分。即上冲头每分钟完成 25 次上下往复直线运动，其轴转速为 25 r/min，若选择电机为原动力，则要设计具有减速功能的机构。

(2) 要求同时往复运动，则机构要有运动方向交替变换的功能。

(3) 电动机输出为转动，上冲头完成往复运动，所以要有运动方式转换的功能。

(4) 因为有保压阶段，所以需具有实现停歇或近似停歇的功能。

(5) 由于压片成型机的工作压力较大，行程较短，所以希望机构具有增力功能。

先选择(1)(2)(3)这三种必须具备的与运动形态、运动变换有关的功能组成机构系统方案。(4)(5)与运动特性有关，后续再考虑。

对于每一种功能列出能实现该运动功能的机构，如表 2-4 所示的形态学矩阵，最多可以组成 27 种方案。这些方案中有些机构组合显得烦琐而不合理，如曲柄滑块机构、凸轮机构均兼有运动形式转换和运动方向交替变换的功能。因此，通过直观判断可以舍弃一些不合理方案。

表 2-4 主加压机构形态学矩阵

基本机构 基本功能	齿轮机构	连杆机构	凸轮机构
运动形式变换 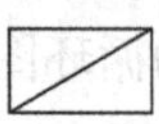	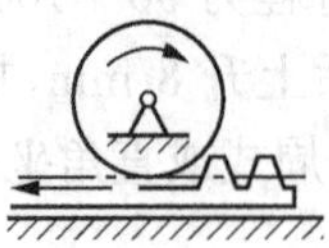	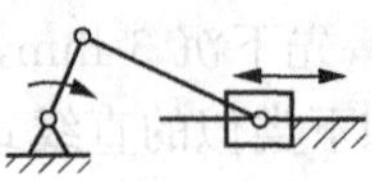	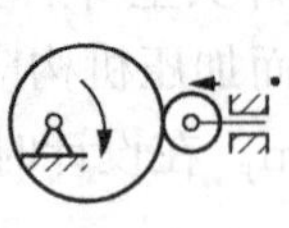
运动方向 交替变换 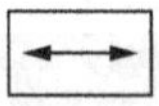	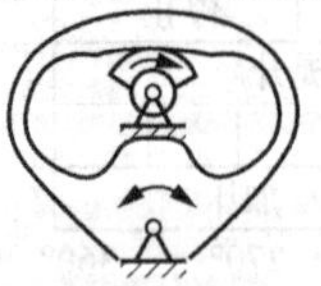	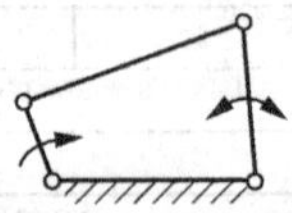	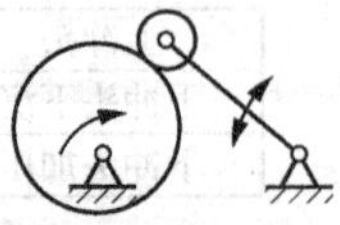
运动缩小 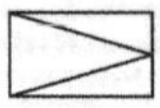	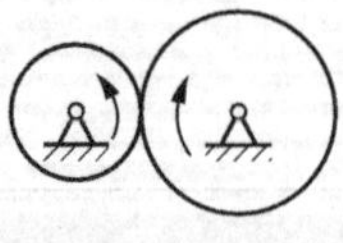	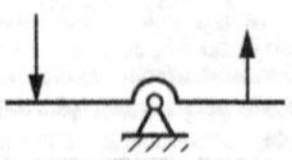	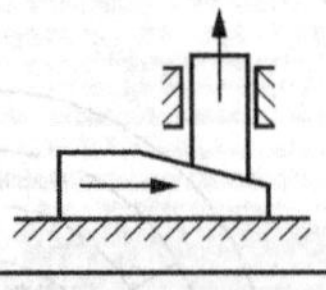

图 2-36 所示为 5 个基础方案，可根据其他功能要求通过变异组合的方法进行增改。为满足功能(4)(5)的要求，可以对该方案进行修改。对于保压，则要求从动件在一定时间内位移为零或速度在零点附近，或运动副暂时脱离或运动副在主动件运动方向不起约束作用。增力的实质是在主动件功率不变的情况下，从动件速度降低则输出的力或力矩增大，所以减速就是增力。

表 3-1　Ⅰ型串联的基本组合

前置机构	后置机构	功能
连杆机构	连杆机构	不改变传动角的情况下实现增程增力
	凸轮机构	变速凸轮、移动凸轮
	齿轮机构	获得大行程摆动或移动/增减速
	槽轮机构	减小槽轮速度波动
	棘轮机构	拨动棘轮机构运动
凸轮机构	连杆机构	运用前置凸轮从动件的任意运动规律，改善后置机构的运动特性或通过后置机构增大运动行程
	凸轮机构	
	齿轮机构	
	槽轮机构	
齿轮机构	连杆机构	实现多种运动
	凸轮机构	可实现间歇运动
	齿轮机构	实现运动的变速、变向传递
	槽轮机构	实现较大范围运动系数的调整
	棘轮机构	实现较大范围运动系数的调整

Ⅱ型串联指在平面运动构件上串联，一般利用连杆机构中的连杆或周转轮系中的行星齿轮作为前置机构的输出构件，利用连接处的特殊轨迹，使输出件实现所需要的运动规律，如图 3-6 所示。

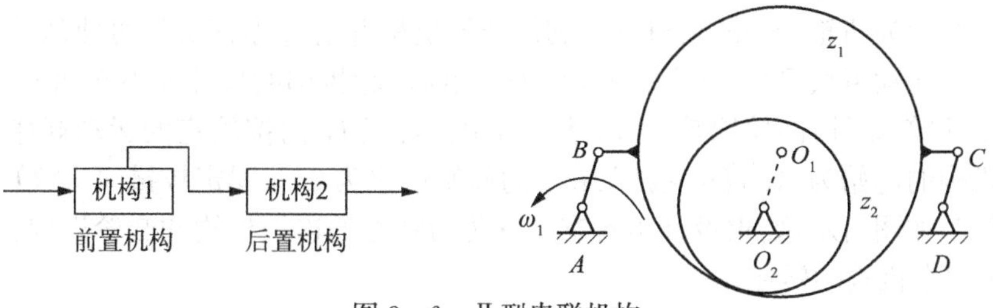

图 3-6　Ⅱ型串联机构

1. 串联组合实例

1）实现后置机构的速度变换

工程中应用的原动机大都采用输出转速较高的电动机或内燃机。为满足后置机构低速或变速的工作要求，前置机构常采用各种齿轮机构、齿轮机构与 V 带传动或链传动机构，如图 3-7 所示。其中齿轮机构已经标准化和系列化，是应用最为广泛的实现速度变换的前置机构。

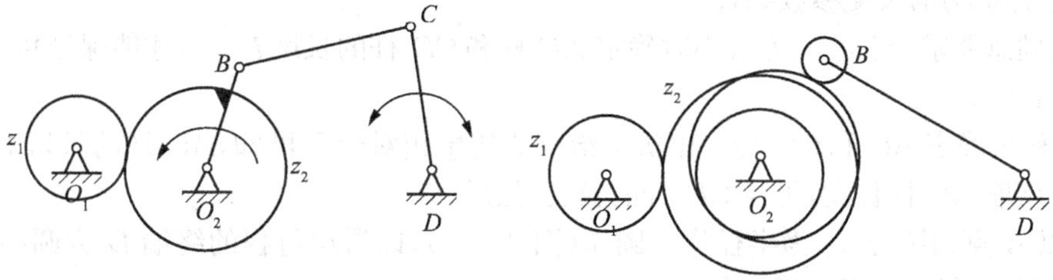

（a）齿轮连杆串联机构　（b）凸轮串联机构

图 3-7　齿轮机构及其串联机构

2）实现后置机构的运动变换

单一机构的运动规律受到机构类型的限制，如曲柄滑块机构的滑块或曲柄摇杆机构的摇杆很难获得等速运动。串联一个前置连杆机构，并通过适当的尺度综合，可使后置连杆机构滑块或摇杆获得预期的运动规律，如图 3－8 所示。

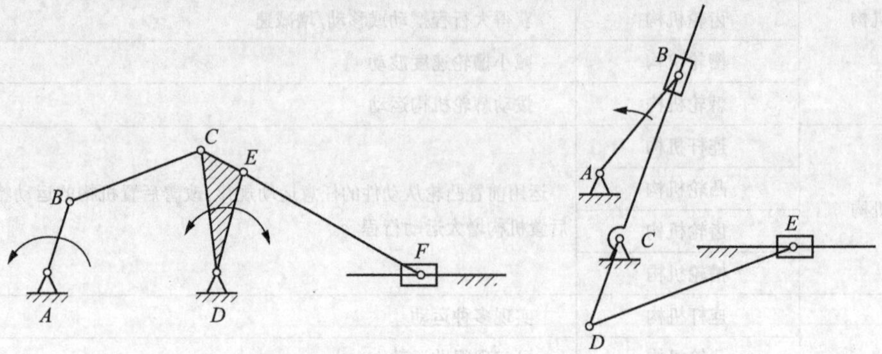

（a）铰链机构与滑块机构的串联　（b）导杆机构与滑块机构的串联

图 3－8　滑块机构及其串联机构

2. 串联式组合机构的设计实例

这种组合机构的设计原则是从分析最后一个基本机构的从动件开始，逐个找出每个基本机构的主、从动件之间的运动关系，协调各基本机构间的转速比、相位及运动幅值的关系，然后进行设计。

图 3－9 所示为凸轮-连杆组合机构，利用凸轮机构并通过连杆机构可使从动件进行远距离的运动传递，从动滑块可得到较大的行程 H，同时凸轮机构的尺寸又不必加大。

图 3－10 已知条件：凸轮回转一周，从动滑块在行程 H 内按给定的运动规律 $S_4=f(\varphi_2)$ 运动，连杆机构的起始为 AC_1D_1，摇杆 AC_1 的起始位置为 φ_{20}，固定铰链 A 和 O 与导路的相对位置已确定，如图所示，要求设计出具有良好传力特性的连杆机构和凸轮机构。

1）确定两个机构的转速比

设滑块以 D_1 点为行程起点，摇杆滑块机构的 $S_4\sim\varphi_2$ 关系与滚子摆动从动杆凸轮机构的 $\varphi_1\sim\varphi_2$ 关系是同一变化周期的，故两者的转速比为 1。

2）确定两套机构的相位

由于滑块 4 的起点为 D_1，$S_4=0$，则摇杆 AC 的左极限位置为 AC_1，与 x 轴的起始位置角为 φ_{20}，这时凸轮 1 与摇杆 2 的接触点 B_1 应在凸轮廓线推程的起点，这样就确定了凸轮在轴上的安装位置。

3）连杆机构的尺度参数综合

根据题意要求：按 $\alpha_{3\max}$ 为最小时确定 AC 杆和 CD 杆的长度 l_2、l_3，才能保证机构具有良好的传力特性。

（1）初步确定 AC 和 CD 杆　由机构给定的初始相对位置可知，AC 杆的长短对 α_3 有决定作用。试取 AC 杆长度，可得 CD 杆的长度，然后

① 以 A 点为圆心，l_2 为半径作一圆弧（图 3－10），以滑块行程的终端 D 为圆心，l_3 为半径作一圆弧，要保证此两圆弧相交。

② 找出最大 α_3 和最小 α_3 的大致范围，使 $\alpha_{3\max}\leqslant[\alpha]$。

(2) 求与位移 S_4 相应的 AC 杆的位置角 α_2 和从动滑块处的压力角 α_3。由图 3-10 得
$\boldsymbol{AD}+\boldsymbol{CD}=X_D+Y$

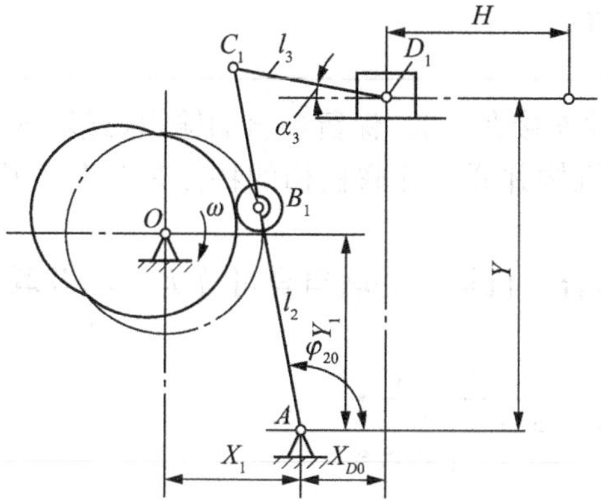

图 3-9　凸轮-连杆组合机构

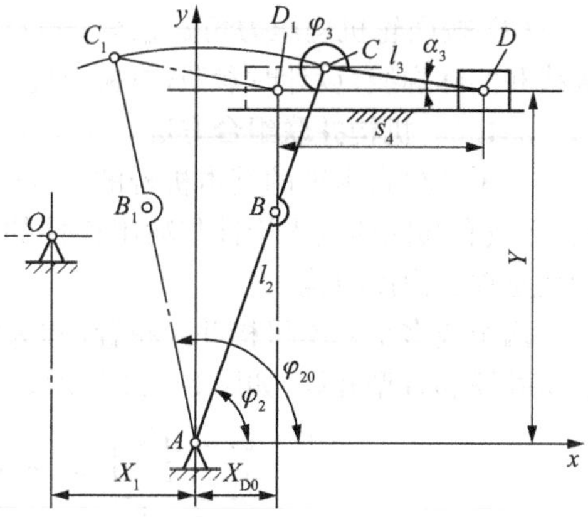

图 3-10　凸轮-连杆组合机构设计过程

将上式投影在 x 轴和 y 轴上

$$\left.\begin{aligned} l_2\cos\varphi_2+l_3\cos\varphi_3&=X_D\\ l_2\sin\varphi_2+l_3\sin\varphi_3&=Y\end{aligned}\right\}\tag{3-1}$$

由式(3-1)上、下两式消去 φ_3 得

$$\varphi_2=2\arctan\frac{Y\pm\sqrt{Y^2+X_D^2-C^2}}{x+X_D}\tag{3-2}$$

式中

$$C=\frac{X_D^2+l_2^2+Y^2-l_3^2}{2l_2}\tag{3-3}$$

$$l_3=\sqrt{(Y-l_2\sin\varphi_2)^2+(X_D-l_2\cos\varphi_2)^2}\tag{3-4}$$

当取 $\varphi_2=\varphi_{20}$ 时，$S_4=0$，$X_D=X_{D0}$，则由设定的 AC 杆长度 l_2 求得 CD 杆长度 l_3。然而，按给定的运动规律变化 X_D(即改变 S_4 大小)，可求得一系列 φ_2 的值，这样就求得了 φ_2-S_4 的关系，为凸轮机构设计创造了条件。

由式(3-3)也可得

$$\tan\alpha_3=\left|\frac{Y-l_2\sin\varphi_2}{X_D-l_2\cos\varphi_2}\right|\tag{3-5}$$

$$\varphi_3=\arctan\frac{Y-l_2\sin\varphi_2}{X_D-l_2\cos\varphi_2}\tag{3-6}$$

或

$$\varphi_3=360^\circ+\arctan\frac{Y-l_2\sin\alpha_2}{X_D-l_2\cos\varphi_2}\tag{3-7}$$

当 φ_2 变化时，可求得不同点对应的 α_3 值，并得到已设定 l_2 长度的 $\alpha_{3\max}$ 值。

(3) 按 $\alpha_{3\max}$ 值最小来确定 l_2、l_3 在此可应用优化设计的方法，按式(3-3)、式(3-4)和式(3-5)反复计算，最终确定 l_2、l_3 及 $\alpha_{3\max}$ 值。

4) 凸轮机构设计

(1) 求摇杆 AB 摆角与凸轮转角的关系。由给定的 $S_4-\varphi_1$ 关系通过上述运算后可变换成 $\varphi_2-\varphi_1$ 关系，而摇杆实际摆角为 $\varphi_{20}-\varphi_2$，因此容易得到($\varphi_{20}-\varphi_2$)-φ_2 关系。

(2) 由取定的 AB 杆长度，决定了凸轮的基圆半径

$$r_0 = \sqrt{(l_{AB}\sin\varphi_{20} - y_1)^2 + (l_{AB}\cos\varphi_{20} - x_1)^2} \tag{3-8}$$

(3) 按凸轮机构压力角 $\alpha_{2max} \leqslant [\alpha]$ 及凸轮尺寸尽可能小的原则设计凸轮轮廓，包括理论廓线和实际廓线，设计时参照《机械原理》相关章节进行。

3.1.2 机构并联组合方法

若干个单自由度的基本机构的输入（或输出）构件连接在一起，保留各自的输出（或输入）运动；或有共同的输入构件与输出构件的连接，称为机构并联。并联机构的特征是各基本机构均是单自由度机构。

两个或多个基本机构并列布置，称为机构并联组合。机构的并联组合可分为Ⅰ型并联，Ⅱ型并联和Ⅲ型并联，如图 3-11 所示。

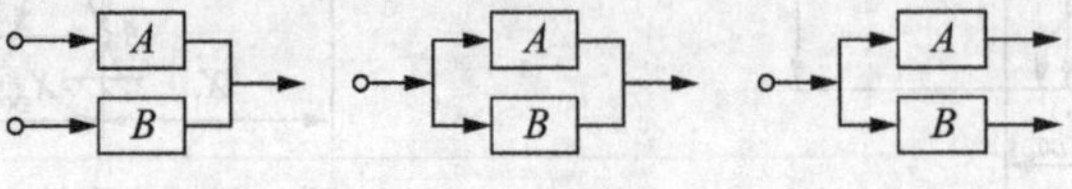

（a）Ⅰ型并联　（b）Ⅱ型并联　（c）Ⅲ型并联

图 3-11　机构并联类型

Ⅰ型并联组合机构的特点是两个输入并联成一个输出；可实现机构的惯性力完全平衡或部分平衡，还可实现运动的分流。图 3-12(a)所示为两曲柄滑块机构的并联组合，图 3-12(b)为两曲柄摇杆机构的并联组合。

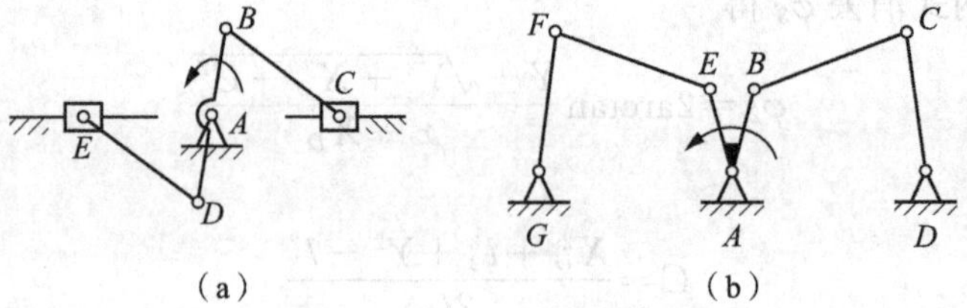

（a）　（b）

图 3-12　Ⅰ型并联示例

Ⅱ型并联组合机构的特点是一个输入分解成两个运动后再合成为一个运动，可实现运动的合成，这类组合方法是设计多缸发动机的理论依据。如图 3-13 所示为四个主动滑块的移动共同驱动一个曲柄的输出。

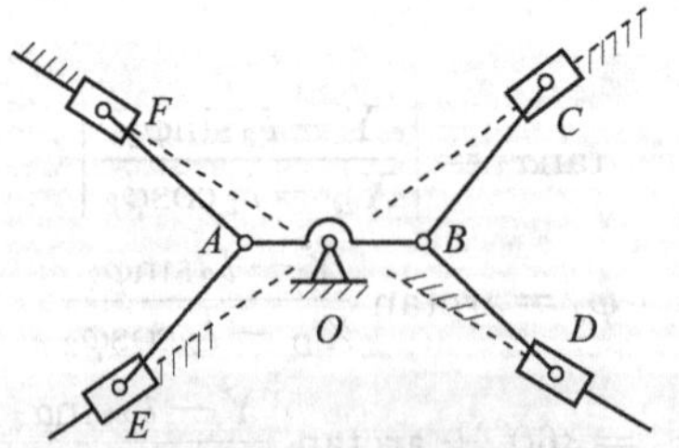

图 3-13　Ⅱ型并联示例

Ⅲ型并联组合机构的特点是一个输入分解成两个输出，常应用在压力机中。

1. 并联组合的基本思路

1) 对称并联相同机构，实现机构的平衡

通过对称并联同类机构，可以实现机构惯性力的部分平衡与完全平衡。利用Ⅰ型并联组合可实现此类目的。

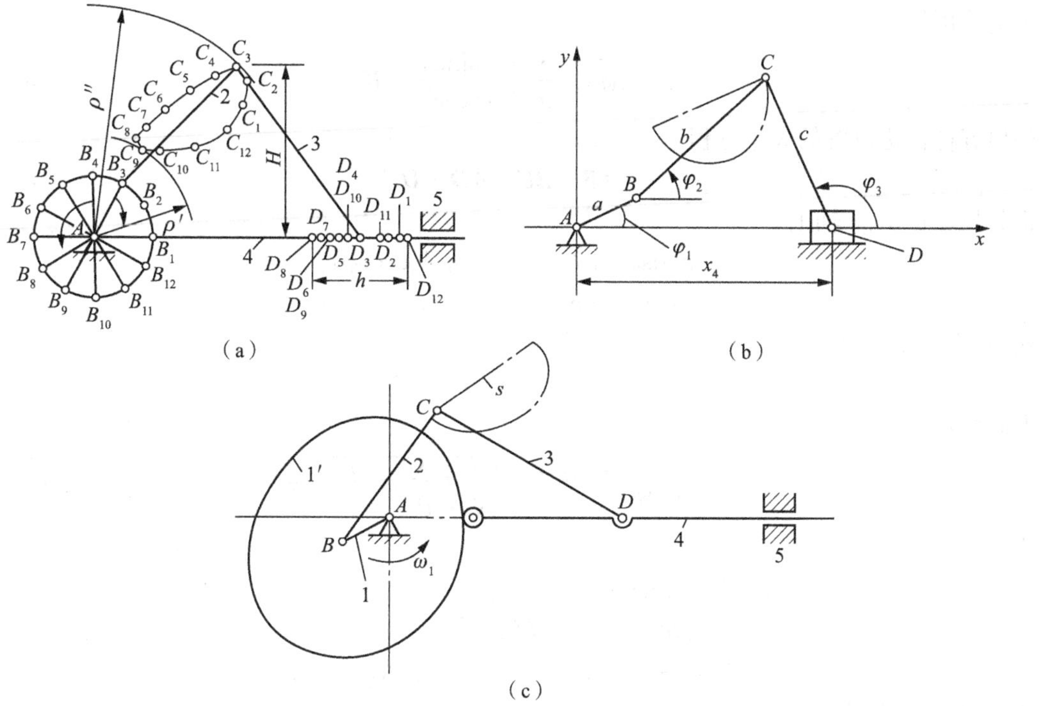

图 3-15　凸轮-连杆组合机构

1）平面五杆机构的设计步骤

(1) 如图 3-15(a)所示，根据机械的总体布置选定原动件的转动中心 A 相对于已知轨迹 s 的位置。

(2) 找出 A 点到已知轨迹的最近距离 ρ' 和最远距离 ρ''。因为

$$l_1+l_2=\rho'' \qquad l_2-l_1=\rho'$$

所以

$$l_1=\frac{\rho''-\rho'}{2} \qquad l_2=\frac{\rho''+\rho'}{2}$$

(3) 找出轨迹 s 上到构件 4 的导路的最大垂直距离 H，那么应取构件 3 的长度 $l_3>H$。

(4) 将曲柄销 B 的运动圆周分为若干等分，得 $B_1, B_2, B_3, \cdots, B_{12}$ 等点；再以这些点为圆心及 l_2 为半径画弧与轨迹 s 相交，得其对应点 $C_1, C_2, C_3, \cdots, C_{12}$；然后，又以这些点为圆心及 l_3 为半径画弧与构件 4 的导路相交，得其对应点 $D_1, D_2, D_3, \cdots, D_{12}$，这样就确定了构件 4 的运动规律。

2）凸轮轮廓曲线设计

(1) 图解法　因为构件 1 和凸轮 1′互相固定连接，而构件 4 是凸轮机构的从动件，这样相当于已知凸轮机构从动件的位移线路，所以只要选择适当的凸轮基圆半径和滚子半径，便可以用《机械原理》所介绍的图解法求出凸轮轮廓。

(2) 解析法　如图 3-15(b)所示，设 $AB=a, BC=b, CD=c, AD=s_4$，且已知曲线 s 上各点对应曲柄 AB 转角 φ_1 的 x、y 坐标值或 $x=f_1(\varphi_1)$、$y=f_2(\varphi_1)$ 函数，则曲线的参数方程式为

$$\begin{cases} x=f_1(\varphi_1)=a\cos\varphi_1+b\cos\varphi_2 \\ y=f_2(\varphi_2)=a\sin\varphi_2+b\sin\varphi_2 \end{cases} \tag{3-9}$$

由上式可得

$$\tan\varphi_2=\frac{y-a\sin\varphi_1}{x-a\cos\varphi_1}=K \tag{3-10}$$

列出五杆机构位置的矢量方程

$$\boldsymbol{AB}+\boldsymbol{BC}=\boldsymbol{AD}+\boldsymbol{DC} \tag{3-11}$$

将其投影在 x、y 轴上

$$\left.\begin{aligned}a\cos\varphi_1+b\cos\varphi_2&=s_4+c\cos\varphi_3\\a\sin\varphi_1+b\sin\varphi_1&=c\sin\varphi_3\end{aligned}\right\} \tag{3-12}$$

式中

$$s_4=f(\varphi_1)$$

由此解得

$$\tan\varphi_2=\frac{M\pm\sqrt{M^2+N^2-P^2}}{N+P} \tag{3-13}$$

式中

$$\begin{aligned}&M=2ab\sin\varphi_1\\&N=2b[a\cos\varphi_1-f(\varphi_1)]\\&P=c^2-a^2-b^2-f^2(\varphi_1)+2f(\varphi_1)a\cos\varphi_1\end{aligned}$$

由式(3-10)和式(3-12)可得

$$K=\frac{M\pm\sqrt{M^2+N^2-P^2}}{N+P} \tag{3-14}$$

若给定凸轮在不同转角 φ_2 时，B 点的坐标 x 和 y 值，则可相应地求出 $s_4=f(\varphi_2)$，便可按盘形凸轮来设计凸轮的廓线。

3.1.3 机构叠加组合方法

机构的叠加组合(运动独立式)是机构组合理论的重要组成部分，是机构创新设计的重要途径。机构叠加组合是指在一个机构的可动构件上再安装一个以上机构的组合方式。其中，支撑其他机构的机构称为基础机构，安装在基础机构可动构件上面的机构称为附加机构。进行多次叠加时，前一个机构即为后一个机构的基础机构。

机构叠加组合可分为Ⅰ型叠加机构和Ⅱ型叠加机构。Ⅰ型叠加机构的示意图如图 3-16 所示，在此组合中，驱动力作用在附加机构上(或者说主动机构为附加机构，或由附加机构输入运动)。附加机构在驱动基础机构运动的同时，也可以有自己的运动输出。附加机构安装在基础机构的可动构件上，同时附加机构的输出构件驱动基础机构的某个构件。Ⅱ型叠加机构示意图如图 3-17 所示，此组合中，附加机构和基础机构分别有各自的动力源(或有各自的运动输入构件)，最后由附加机构输出运动。

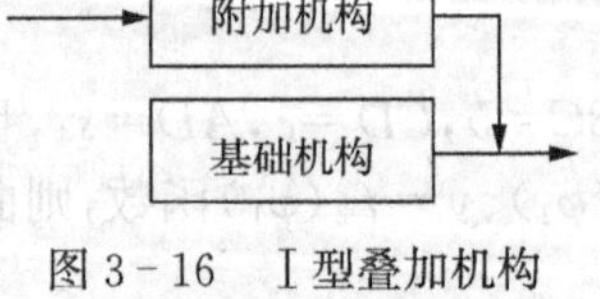

图 3-16 Ⅰ型叠加机构

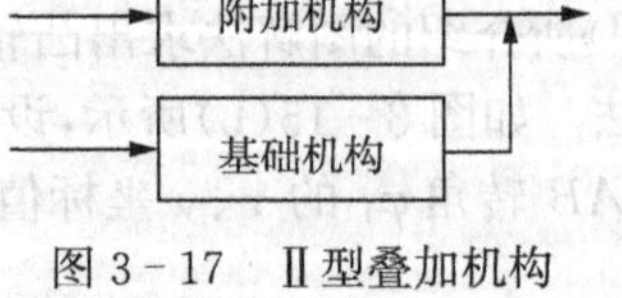

图 3-17 Ⅱ型叠加机构

1. Ⅰ型叠加示例

基础机构为行星轮系机构，附加机构为蜗杆传动机构，即在轮系系杆上叠加蜗杆机构，如图 3－18 所示。在此组合中，蜗杆传动机构安装在行星轮系机构的系杆 H 上，由蜗轮给行星轮提供输入运动，带动系杆缓慢转动。附加机构驱动扇叶转动，并通过基础机构的运动实现附加机构 360°全方位慢速转动。该机构可设计出理想的电风扇，扇叶转数可通过电动机调速调整。附加机构的机架（基础机构的系杆）转动速度为 $n_H=\frac{z_3}{z_2z_4}n_1$，其中，$n_1$ 为电动机转数，n_H 为系杆转数。调整齿轮的齿数可改变附加机构机架的转数。

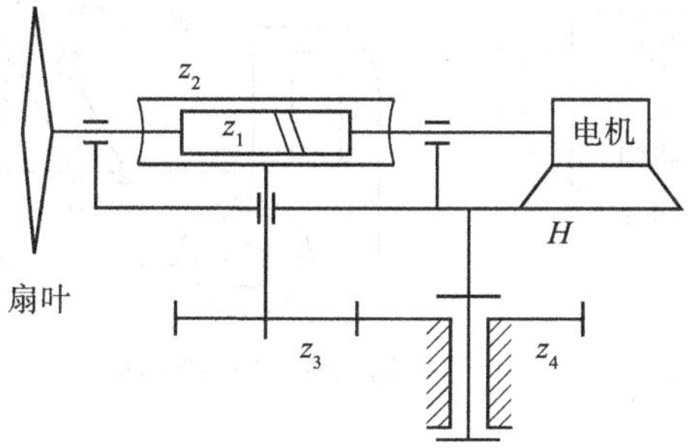

图 3－18　Ⅰ型叠加示例（蜗杆传动机构）

z_1—蜗杆；z_2—蜗轮；z_3，z_4—齿轮

电扇也可通过齿轮机构和连杆机构叠加或者齿轮机构与齿轮机构叠加实现。如基础机构为连杆机构（*ABCD* 四杆机构），附加机构为齿轮机构（1、2 组成的蜗轮-蜗杆机构），如图 3－19(a)所示。

齿轮与齿轮机构叠加如图 3－19(b)所示，其中附加机构为齿轮 1/2/3/系杆 h 组成的轮系，基础机构为齿轮 4/5/系杆 H 组成的行星轮系。附加机构的系杆 h 与基础机构的齿轮 4 连接，实现附加机构向基础机构的运动传递。

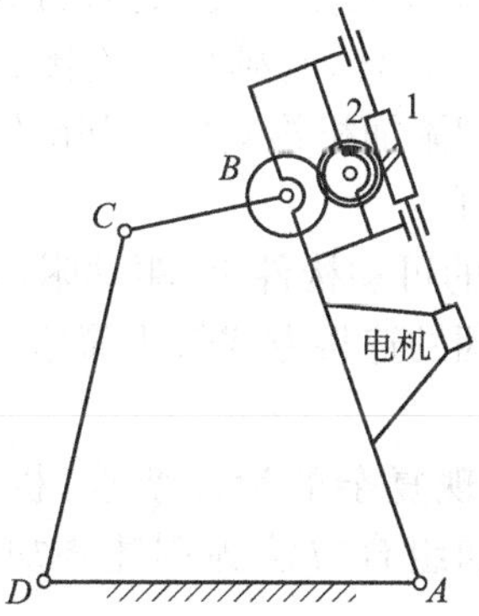

（a）连杆机构为基础机构

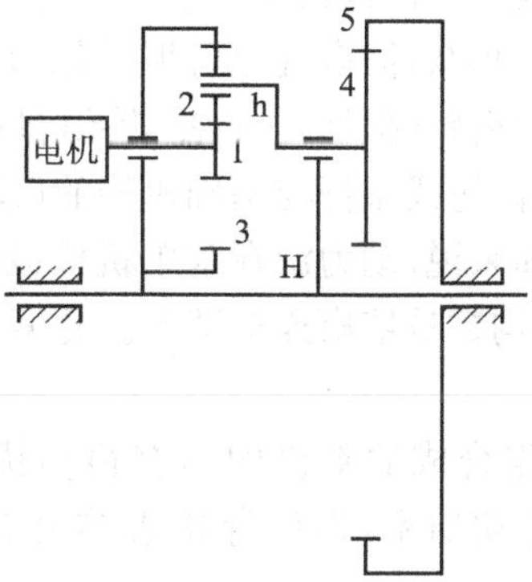

（b）齿轮机构为基础机构

图 3－19　Ⅰ型叠加示例（齿轮传动机构）

2. Ⅱ型叠加示例

如图 3-20 所示的户外摄影车机构和图 3-21 所示的机械手机构都属于Ⅱ型叠加。图 3-20 中两个液压缸都有单独的主动输入，通过基础机构 $ABCD$ 以及附属机构 $CDEF$ 后(其中 AD 为其关联构件)，有一个统一的输出即平台 EF 的运动。图 3-21 中基础机构和附加机构相同，且都有主动输入(伺服电机)，抓取手指为统一的输出。

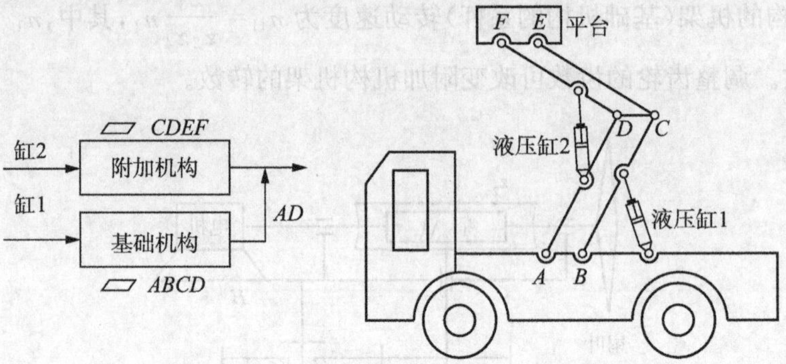

图 3-20 Ⅱ型叠加示例(户外摄影车机构)

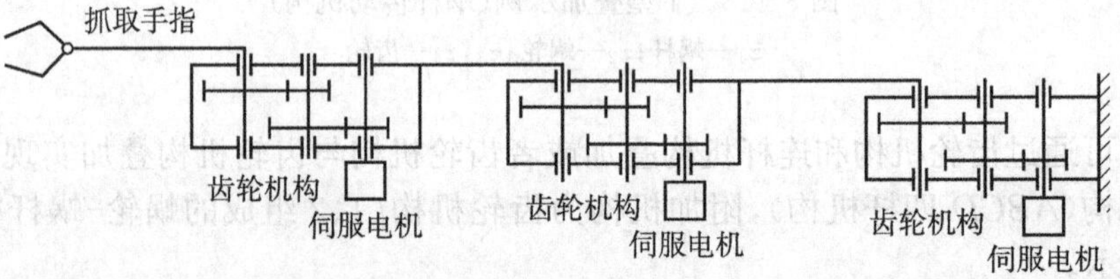

图 3-21 Ⅱ型叠加示例(机械手机构)

机构叠加组合的关键问题为：① 确定附加机构与基础机构之间的运动传递，或者附加机构的输出构件与基础机构的哪一个构件连接；② 动力源安装位置；③ 连接方式。

Ⅰ型叠加较复杂，但有规律可循。如齿轮(附加)＋连杆(基础)时，连接点在输出齿轮和输入连杆上。如齿轮(附加)＋行星轮系(基础)时，可把附加机构安置在基础轮系机构的系杆上，附加机构的齿轮或系杆与基础机构的齿轮连接即可。

对Ⅱ型叠加来说，动力源在基础机构或附加机构的可动构件上，驱动附加机构中的可动构件，按附加机构数量依次连接即可。Ⅱ型叠加机构间的连接方式较为简单，且规律性强，应用最为普遍。

机构叠加组合成的新机构具有很多优点，可实现复杂的运动要求，机构的传力性能较好，可减小传动功率，但设计构思难度较大。叠加组合方法为创建叠加机构提供了理论基础。

机构叠加组合的基本思路为：

(1) 任意两个自由度的机构均可作为基础机构，而单自由度的机构则可作为附加封闭机构。

常见的基础机构主要有五杆机构和差动轮系机构，附加封闭机构可以是齿轮机构、凸轮机构和四杆机构，有时也用间歇运动机构作为封闭机构。如基础机构为连杆机构，封闭机构可为连杆机构、齿轮机构、凸轮机构和槽轮组合机构等，这时可组成连杆-连杆组合机构、连杆-齿轮组合机构、连杆-凸轮组合机构、连杆-槽轮组合机构等。

(2) 附加封闭机构封闭基础机构的两个输入构件或两个输出构件的方式简便易行，应用最为广泛。

(3) 附加封闭机构封闭基础机构的一个输入构件和一个输出构件，把输出运动再反馈回输入构件。

叠加杆组法、串联机构法、并联机构法和叠加机构法形成的机构系统是机构的组合系统，在该系统中，各基本机构均保持原有特性，其分析与综合方法也与原基本机构相同。

机构的封闭式组合将导致形成组合机构。组合机构中的各基本机构不能单独进行分析与综合，必须在一个整体机构系统的环境中考虑基本机构的分析与综合。这是组合机构与机构组合的不同点。

3.1.4　机构的封闭组合

一个二自由度机构中的两个输入构件(或两个输出构件，或一个输入一个输出构件)用单自由度的机构连接起来，形成一个单自由度的机构系统，称为封闭式连接。该种组合方法的特征是，基础机构为二自由度机构，附加机构为单自由度机构。

二自由度的基础机构共有 3 个运动(2 个输入，1 个输出)。当附加机构连接了二自由度基础机构中两构件的运动后，限制了被连接构件的 1 个独立运动，使组合机构系统的自由度减少 1 个。因此，封闭组合机构的自由度为 1。设计时，不能分别单独设计基础机构和附加机构，必须把基础机构和附加机构看作一个整体考虑其设计方法。

基础机构和附加机构的种类不同，所得到的组合机构不同，其设计方法也有所不同。根据封闭式机构输入与输出特性的不同，共有 3 种封闭组合方法。

(1) Ⅰ型封闭组合机构：1 个单自由度附加机构封闭基础机构的两个输入或输出构件(I/O)，如图 3-22(a)所示。

(2) Ⅱ型封闭组合机构：2 个单自由度附加机构封闭基础机构的两个输入或输出构件(I/O)，如图 3-22(b)所示。

(3) Ⅲ型封闭组合机构：1 个单自由度附加机构封闭基础机构的输入和输出构件(I/O)各 1 个，如图 3-22(c)所示。

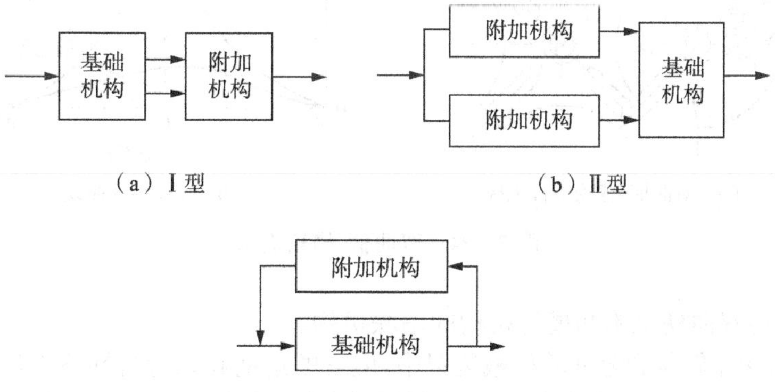

(a) Ⅰ型　(b) Ⅱ型　(c) Ⅲ型

图 3-22　封闭组合机构示意图

以下为机构封闭组合示例。

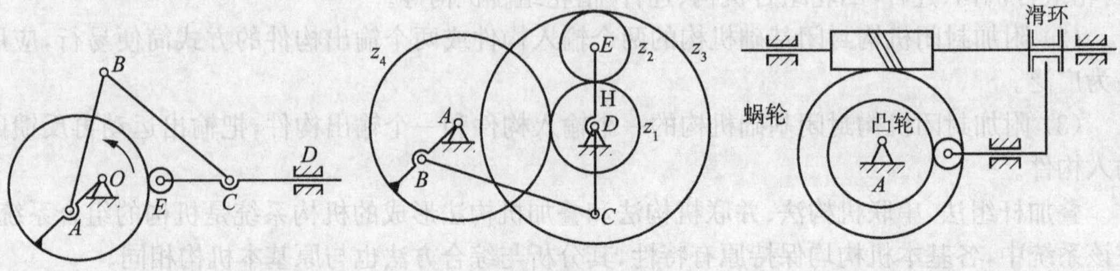

（a）Ⅰ型封闭机构　（b）Ⅱ型封闭组合机构　（c）Ⅲ型封闭组合机构

图 3-23　封闭组合机构示例

如图 3-23(a)所示为Ⅰ型封闭组合机构，其中二自由度五杆机构 $OABCD$ 为基础机构，凸轮机构为封闭机构。五杆机构的两个连架杆分别与凸轮和推杆固定连接，形成Ⅰ型凸轮连杆封闭组合机构。

如图 3-23(b)所示为Ⅱ型封闭组合机构，其中差动轮系（由齿轮和系杆 H 组成）为基础机构，差动轮系的系杆 H 和齿轮经连杆机构 $ABCD$ 和齿轮机构 z_1、z_4 封闭，四杆机构和定轴齿轮机构组成两个附加机构，形成Ⅱ型齿轮连杆封闭组合机构。

图 3-23(c)所示为Ⅲ型封闭组合机构，其中凸轮机构封闭了二自由度蜗杆机构的蜗轮转动（基础机构的输出运动）和蜗杆的移动（基础机构的一个输入运动），是典型的 III 型封闭组合机构。

在使用机构封闭组合中应注意，机构的封闭式组合将产生组合机构，组合机构可实现优良的运动特性，但是有时会产生机构内部的封闭功率流，降低了机械效率。所以，传力封闭组合机构要进行封闭功率的判别。

3.1.5 机构组合分析例题

［例题 3-1］　试对图 3-24(a)所示的双曲柄-槽轮机构进行分析。

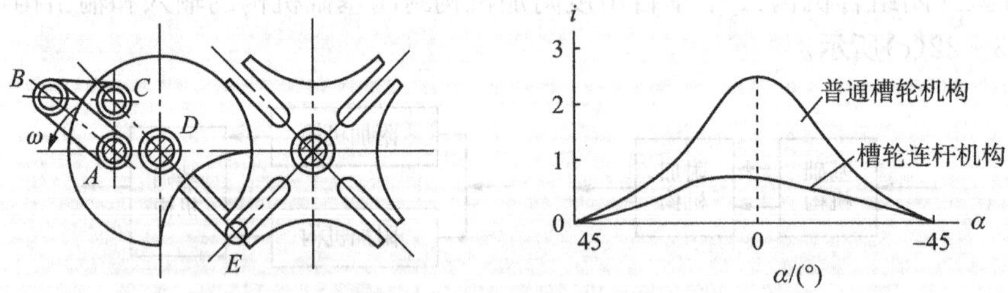

（a）双曲柄-槽轮组合机构　（b）运动特性曲线

图 3-24　双曲柄-槽轮机构

解：该机构为双曲柄机构和槽轮机构的串联机构。

槽轮机构常用于转位和分度的机械装置中，但它的运动和动力特性不太理想，尤其在槽数较少的外槽轮机构中，其角速度和角加速度的波动均达到很大数值，造成工作台转位不稳定。

其原因是主动拨盘一般做匀速转动，并且回转半径不变。当运动传递给槽轮时，由于主动拨盘的滚销在槽轮的传动槽内沿径向相对滚移，致使槽轮受力作用点也沿径向发生变化。若滚销以不变的圆周速度传递运动时，导致槽轮在一次转位过程中，角速度由小变大，又由大变小。

图例中，采用双曲柄机构与槽轮机构的串联式组合方式。槽轮机构的主动拨盘固接在双曲柄机构 $ABCD$ 的从动曲柄上，从动曲柄 CD 上 E 点的速度变化能够中和槽轮的转速变化，使槽轮能近似等速转位。串联组合的槽轮机构的运动特性和动力特性能有较大改善。图 3－24(b) 为双曲柄-槽轮机构与普通槽轮机构的角速度曲线对比，其中 α 为槽轮动程时的转角；i 为从动槽轮与其主动构件的角度比。

[例题 3－2] 试对图 3－25 所示冲压机凸轮连杆机构进行机构原理分析。

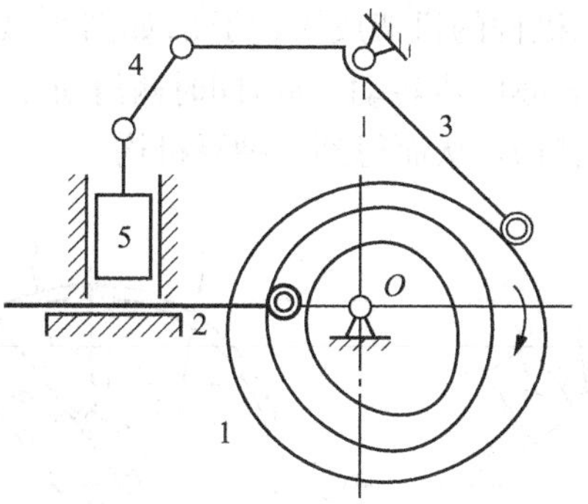

图 3－25 冲压机凸轮连杆机构

1—凸轮；2—推杆；3—摆杆；4—连杆；5—滑块

解：冲压机凸轮连杆机构，由一个凸轮机构和一个凸轮连杆机构并联组合而成。两个盘状凸轮固定连接在一起，凸轮 1 和推杆 2 组成移动从动件盘形凸轮机构。凸轮和摆杆 3 组成摆动从动件盘形凸轮机构。当机构的主动件凸轮 1 转动时，推杆 2 实现左右移动，同时摆杆 3 实现摆动，并由摆杆的摆动带动连杆 4 运动，使从动件滑块 5 实现上下移动。根据所设计的凸轮，推杆 2 与滑块 5 可实现对应的时序关系。

[例题 3－3] 试对图 3－26 所示液压挖掘机进行机构原理分析。

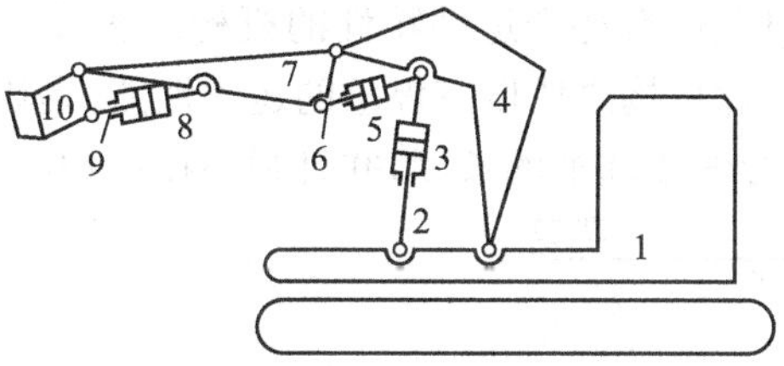

图 3－26 液压挖掘机

解：机构的叠加组合。由三套液压缸机构叠加组成。

第一套液压缸机构 1～4 以挖掘机机身 1 为机架，机构的运动可以使大转臂 4(输出构件) 实现俯仰动作。第二套液压缸机构是 4～7，叠加在第一套机构的大转臂 4 上，机构运动结果可使小转臂 7 (输出构件)实现伸缩摇摆。第三套机构是由 7～10 组成的液压缸机构，叠加在第二套机构的小转臂 7 上，最终使铲斗 10 完成复杂的挖掘动作。

3.2 机构变异法

为实现一定的工艺动作要求，使机构具有某些特殊的性能，将原机构中与运动有关的因素进行调整，从而使机构中的运动副类型或机构运动特性发生变化，演变发展出新机构，这种方式称为机构变异。机构变异的方法很多，以下介绍几种常用的方法。

3.2.1 机构倒置

机构的运动构件与机架的转换称为机构倒置。按照运动相对性原理，机构倒置后各构件间的相对运动关系不变，但可以得到不同特性的机构。用机构倒置的原理研究现有机构，可发现它们的内在联系。采用机构倒置的方法可设计出新的机构。图 3-27(a)所示为卡当机构。若令杆 OO_1 为机架，则原机构的机架成为转子 3，如图 3-27(b)所示(其中 $OO_1=SO_1=PO_1$)，曲柄 1 每转一周，转子 3 亦同步转动一周，同时两滑块 2 及 4 在转子 3 的十字槽内往复运动，将流体从入口 A 送往出口 B，从而得到一种泵机构。

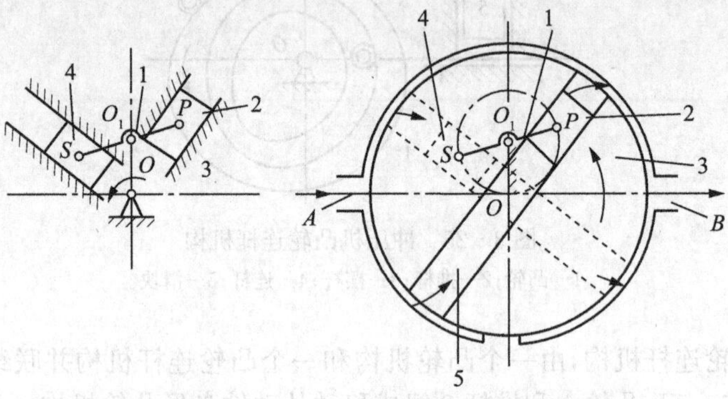

(a) 卡当机构　　(b) 卡当机构对应的泵机构

图 3-27　卡当机构及其倒置变换机构

1—曲柄；2，4—滑块；3—转子；5—十字槽

3.2.2 改变机构的局部结构

改变机构的局部结构可获得有特殊运动特性的机构。图 3-28 所示为一种左边极限位置附近有停歇的导杆机构。此机构之所以有停歇的运动性能，是因为将导杆槽的中线某一部分做成了圆弧形，该圆弧半径等于曲柄的长度，并且圆心在点 O_1。

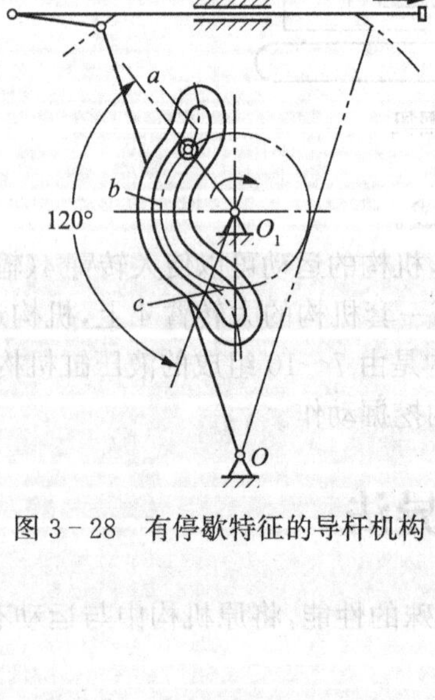

图 3-28　有停歇特征的导杆机构

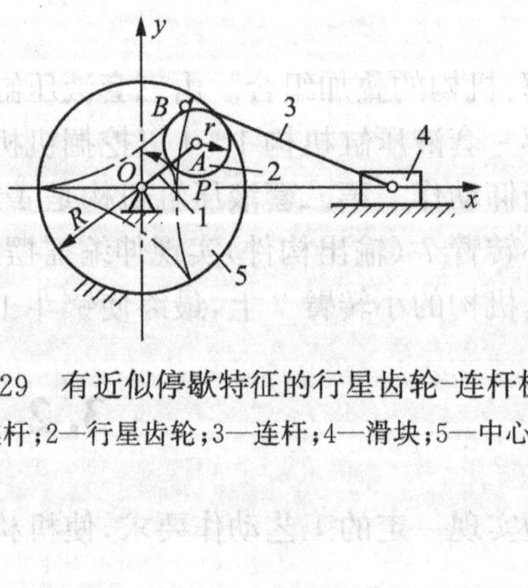

图 3-29　有近似停歇特征的行星齿轮-连杆机构

1—连杆；2—行星齿轮；3—连杆；4—滑块；5—中心轮

改变机构的局部结构最常见的情况是，机构的主动件被另一自由度为 1 的机构或构件组合所置换。图 3－29 所示是以行星轮系替代了曲柄滑块机构的曲柄而得到的滑块右极限位置有停歇的机构。该机构以连杆 1 带动行星齿轮 2 在固定中心轮 5 上滚动，行星齿轮和连杆之间的运动副 B 做摆线运动(如图 3－29 中点画线所示)。其行星齿轮的节圆半径 r 等于内齿轮的节圆半径 R 的 1/3，连杆 3 的长度等于摆线在点 P(近似圆弧与 x 轴交点)的曲率半径，其值恒为 $7r$。因运动副 B 在近似于圆弧的摆线线段上运动，滑块与连杆之间的运动副位于近似圆弧的圆心处，故有近似停歇的运动特性。

图 3－30(a)所示为传统的摆动从动件圆柱凸轮机构，在理论上除了两个特殊点之外，摆杆的运动规律只能是近似地合乎要求。摆角越大，准确程度越差，并且摆角不能太大，否则滚子可能与圆柱凸轮脱开。图 3－30(b)是经过局部改进的方案，由图 3－30(b)可见，当圆柱凸轮 2 以角速度 ω 转动时，带动滚轮 4 上下运动。从而使摆杆 5 运动；与此同时，摆杆 5 相对于摇块 6 移动，摇块 6 相对于机架 1 转动，从而实现了各个传动过程的自适应。该机构克服了传统机构的不足，突破了其对摆角的局限，并且在每一瞬间都能逐点连续地按照给定的运动规律精确地摆动。

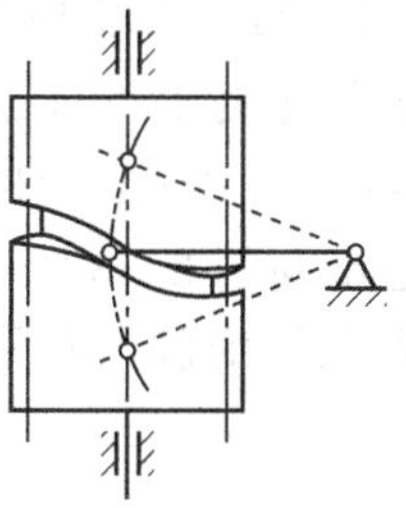

(a) 传统的摆动从动件圆柱凸轮机构

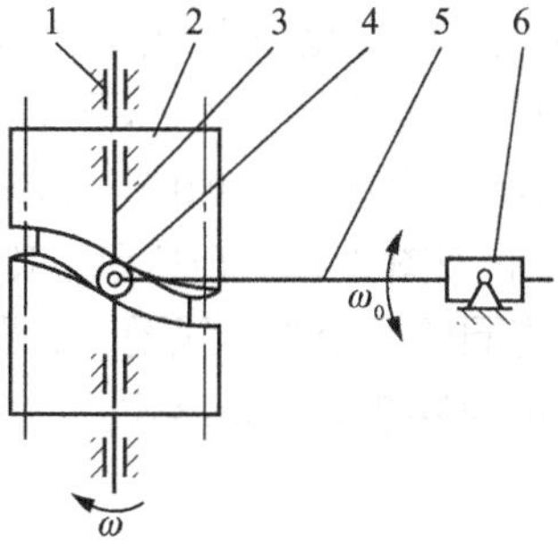

(b) 改进后的摆动从动件圆柱凸轮机构

图 3－30　摆动从动件圆柱凸轮机构

1—机架；2—凸轮；3—轴；4—滚轮；5—摆杆；6—摇块

3.2.3　机构结构移植与模仿

将机构中的某种结构应用于另一种机构中的设计方法称为结构移植。利用某一结构特点设计新机构称为结构模仿。

要有效利用结构的移植和模仿构造出新的机构，必须注意了解、掌握机构之间实质上的共向点，以便灵活运用。例如，圆柱齿轮的半径无限增大时，齿轮演变为齿条，运动形式由转动演变为直线移动。运动形式虽然改变了，但齿廓啮合的工作原理没有改变。这种变异方式，可视为移植中的变异。掌握了机构之间的这一实质性的共同点，就可以开拓直线移动机构的设计途径。

图 3－31 所示的不完全齿轮-齿条机构，可视为由不完全齿轮机构移植变异而成的。此机构的主动齿条，做往复直线移动，使不完全齿轮 2 在摆动的中间位置有停歇。图 3－32 所示的凸轮-滑块机构，它是综合模仿了凸轮和曲柄滑块两种机构的结构特点创新设计而成的。该机构用在泵上，工作时其蚕状凸轮 1 推动四个滚子，从而推动四个活塞往复移动。若选取适当的凸轮廓线，则该机构的动力性能会比单纯采用曲柄滑块机构更优越。

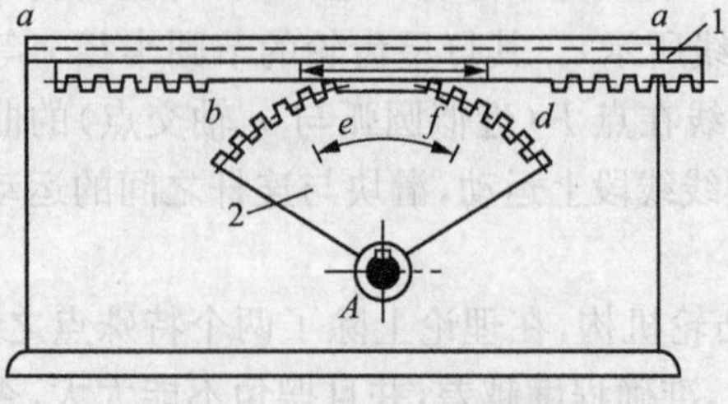

图 3-31　不完全齿轮-齿条机构

1—主动齿条；2—不完全齿轮

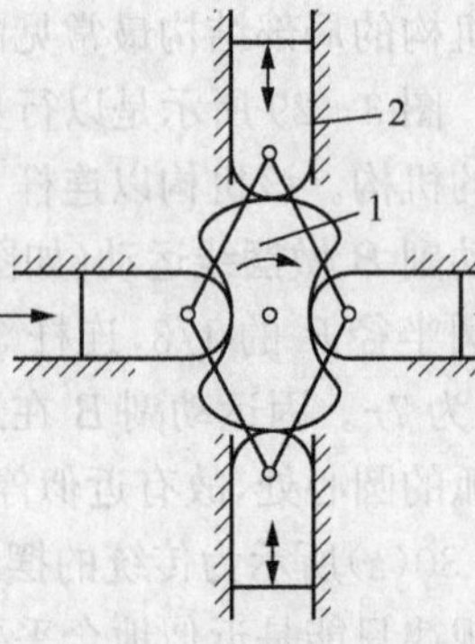

图 3-32　凸轮-滑块机构

1—凸轮；2—活塞

3.2.4　运动副变异

改变机构中运动副的形式，可设计出不同运动性能的机构。运动副的变换方式有很多种，常用的有运动副尺寸变换和运动副类型变换等。

图 3-33 所示的为运功副尺寸变换和类型变换的例子。图 3-33(a)所示的铰链四杆机构通过运动副 D 尺寸的变化而变为图 3-33(b)所示机构，接着截割成图 3-33(c)所示的滑块形状，然后再使构件 3 的尺寸变长，即 DC 变长，则圆弧槽的半径也随之增大，到 DC 趋于无穷大时，圆弧槽演变为直槽[如图 3-33(e)所示]。若图 3-33(d)的构件 3 改成滚子，它与圆弧槽形成滚滑副[如图 3-33(c)所示]，则构件 2 的运动与图 3-33(a)、3-33(d)所示机构的运动相同。若将圆弧槽变为曲线槽[如图 3-33(f)所示]，形成以凸轮为机架的凸轮机构，则构件 2 将得到更为复杂的运动形式。

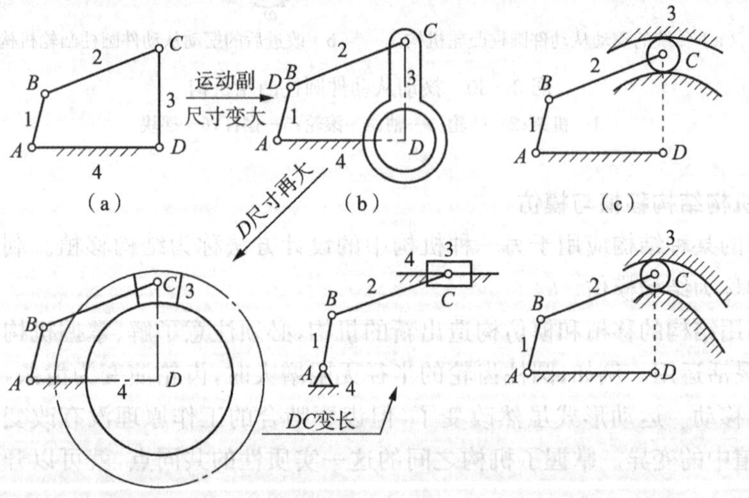

图 3-33　运动副尺寸变换与类型变换

再如图 3-34(a)所示的偏心圆凸轮高副机构，当以低副代换后，如图 3-34(b)所示，虽然对其运动特性没有影响，但由于低副是面接触，易于加工且耐磨性能好，因而提高了其使用性能。

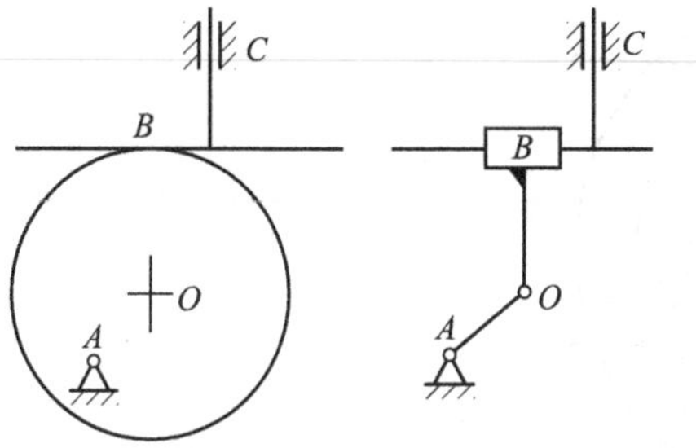

（a）偏心圆凸轮高副机构 （b）高副低代机构

图 3－34 高副低代法设计的机构

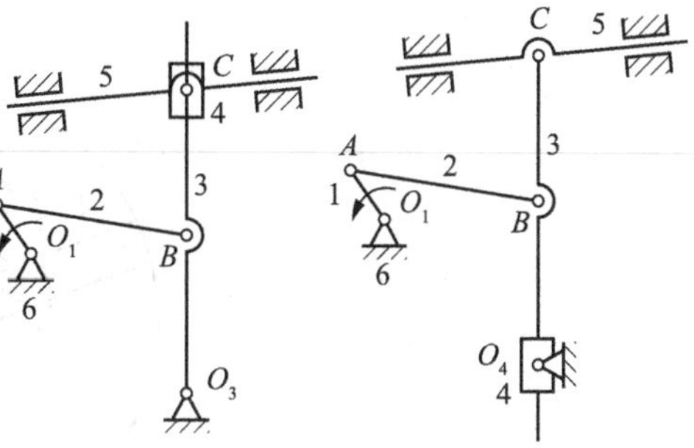

（a）Ⅱ级机构 （b）Ⅲ级机构

图 3－35 手套自动加工机的传动装置

1,2,3—导杆;4—滑块;5—输出构件;6—机架

图 3－35 所示的平面六杆机构是用于手套自动加工机的传动装置。图 3－35(a)中，机构由原动件 1、Ⅱ级杆组（2－3、4－5）及机架 6 组成，故为Ⅱ级机构。当原动件曲柄 1 连续回转时输出构件 5 就可实现大行程的往复运功。在该机构中滑块 4 与导杆 3 组成的移动副位于机构上方，不仅润滑困难，且易污染产品。为改善这一状况，将有关的运动副变异，所得机构如图 3－35(b)所示。该机构由原动件 1、Ⅲ级杆组（2－3－4－5）及机架 6 组成，成为Ⅲ级机构。

3.3 常用机构及其创新设计

在机构学中，机构的类型千变万化，实现的功能千差万别。同一功能可以由不同类型的机构来实现，某一类型的机构由于尺寸的不同又可以实现不同的功能。正因为如此，机构的创新设计变得魅力无穷。但在众多的机构中要找到适合所需功能的方案，对于初学者来说，似乎又是纷繁无绪的。这里按照机构能实现的基本功能，简单介绍一些常见机构中的创新设计，希望能够起到抛砖引玉的作用。当然，《机械原理》教材中介绍过的机构在这里不再赘述。

3.3.1 匀速转动机构

匀速转动机构是指原动件做匀速转动时，其从动件也做匀速转动的机构。根据从动件的运动情况可分为定传动比匀速转动机构和变传动比匀速转动机构。定传动比匀速转动机构主要包括平行四边形机构、特殊尺寸转动导杆机构、齿轮机构及轮系传动机构、摩擦轮传动机构、带传动机构、链传动机构等；变传动比匀速转动机构主要包括滑移齿轮变速机构、组合轮系变速机构和摩擦轮无级变速机构等。下面介绍几个选例。

1. 特殊尺寸转动导杆机构

图 3－36 所示的双导杆机构中曲柄 1 的 a，b 两端铰接于在盘 2 的垂直导槽中滑动的滑块 3 和 4 上。杆 1 和盘 2 的固定机架铰链 O_1O_2 间的距离为 $\overline{O_1O_2}=\overline{O_1a}=\overline{O_1b}$。因为特殊尺寸的关系，当主动曲柄 1 整周匀速转动时，通过滑块带动盘 2 做整周同向匀速转动，传动比 $i_{12}=n_1/n_2=2$。

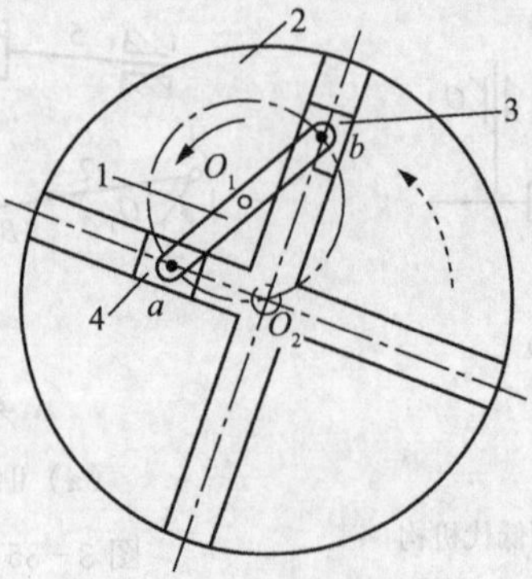

图 3-36 转动导杆机构

1—曲柄；2—转动盘；3,4—滑块

2. 带传动机构

图 3-37 所示机构为带传动机构，一般由主动带轮 1、从动带轮 2 和两轮上的挠性件 3(带或绳)组成，有的还有控制预紧力的装置。带以一定的预紧力套在两轮上，在运转时产生足够的摩擦力。主动轮 1 匀速转动，靠摩擦力带动挠性件，挠性件又通过摩擦力带动从动件 2 匀速转动。传动比 $i_{12}=n_1/n_2=R_1/R_2$，R_1，R_2 为两带轮半径。当传递载荷超过摩擦力的极限值时会发生打滑现象。带传动可以实现中心距较大的两轴间的传动。

3. 链传动机构

如图 3-38 所示，链传动机构由主动链轮 1、从动链轮 2 和链条 3 组成。链条是由刚性链节组成，应用最广泛的是套筒滚子链。链传动通过具有特定齿形的链轮齿和链的链节啮合来传递运动和动力，平均传动比为定值 $i_{12}=n_1/n_2=z_2/z_1$。链传动承载能力大，可以实现中心距较大的两轴间的传动，但传动不平稳，有冲击、振动和噪声，适宜低速、重载的工况，可用于恶劣的工作环境。

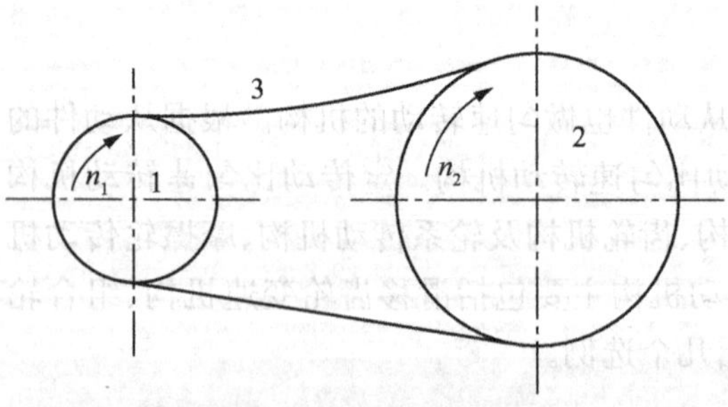

图 3-37 带传动机构

1—主动带轮；2—从动带轮；3—挠性件

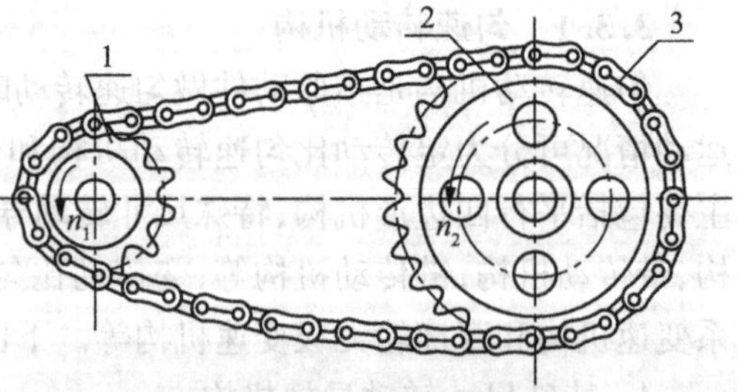

图 3-38 链传动机构

1—主动链轮；2—从动链轮；3—链条

4. 滑移齿轮变速机构

图 3-39 所示定轴轮系中，输入轴Ⅰ和输出轴Ⅱ上的齿轮 a,b 可以滑移，中间轴Ⅲ上的齿轮为固定连接的公用齿轮。A,B 两组齿轮的模数各自相等，齿数不同，利用变位原理保证正确啮合和中心距相同。利用 a,b 齿轮滑移，改变啮合的公用齿轮，使传动比发生改变，从而

实现有级变速(换挡)。

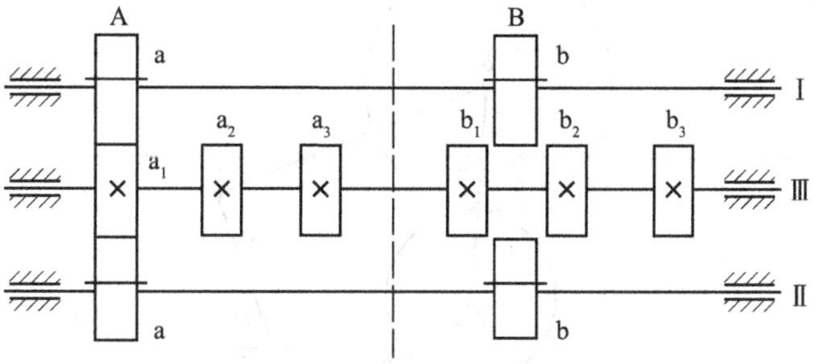

图 3－39　滑移齿轮变速机构

3.3.2　非匀速转动机构

非匀速转动机构是指原动件做匀速转动时，其从动件做非匀速转动的机构。常见机构有双曲柄机构、转动导杆机构、单万向联轴节、非圆齿轮机构和一些组合机构等。下面介绍几个实例。

1. 单万向联轴节

单万向联轴节是空间球面四连杆机构，如图 3－40 所示。端部制成叉形的主动轴和从动轴分别与机架和十字头连杆组成三组轴线互相垂直的转动副，且轴线均相交于十字头的中心 O。当主动轴匀速转动一周时，从动轴非匀速地转动一周。

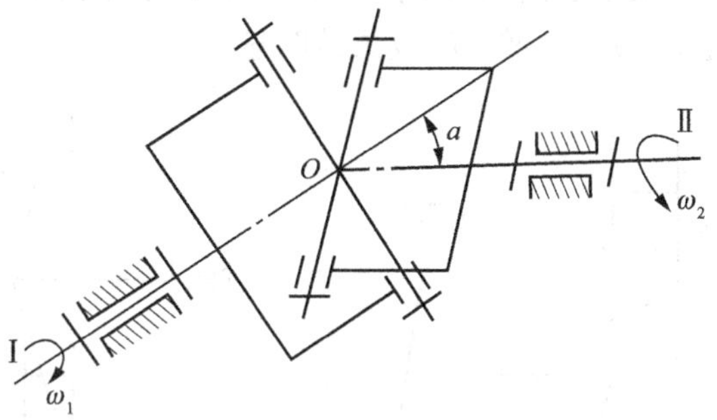

图 3－40　单万向联轴节

2. 齿轮-连杆组合机构

在如图 3－41 所示的四杆机构 $ABCD$ 上装有一对齿轮。行星齿轮 5 与连杆 2 固定连接，中心齿轮 4 的轴线与主动构件 1 的轴线在 A 处重合。当主动构件 1 以 ω_1 匀速转动时，通过连杆 BC 带动行星齿轮 5，使从动轮 4 以 ω_4 做非匀速转动。

$$\omega_4=\omega_1(1+z_2/z_4)-\omega_2\, z_2/z_4$$

合理选择机构的尺寸，从动轮 4 可做单方向的非匀速转动，也可做有瞬时停歇的转动或带逆转的转动。

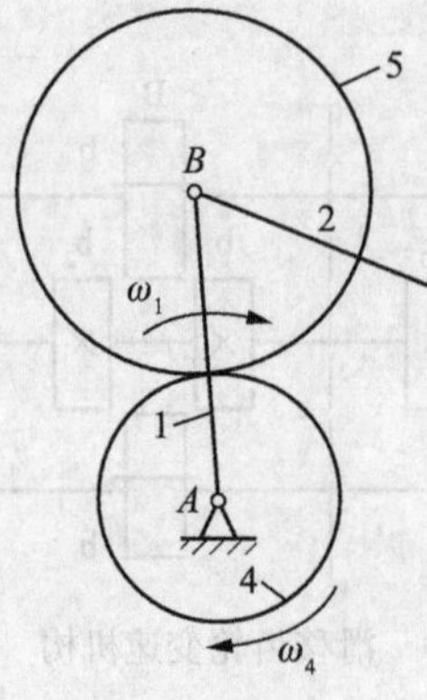

图 3-41 齿轮-连杆组合机构

1—主动构件；2—连杆；3—连杆；4—从动轮；5—行星齿轮

3.3.3 往复移动机构

往复移动机构是指原动件做匀速转动时，其从动件做往复移动的机构。常见的机构有曲柄滑块机构、移动导杆机构、正弦机构、正切机构、多杆机构、凸轮机构、齿轮-齿条机构、楔块机构及组合机构等。

1. 多杆机构

图 3-42 所示机构均为曲柄滑块机构。图 3-42(a)适用于曲柄较小而活塞行程较长的情况，活塞行程的大小主要决定于曲柄的长短及 CE 与 BC 的比值。图 3-42(b)的机构在滑块上会产生很大的力，且 θ 角越小，增力的效果越明显。

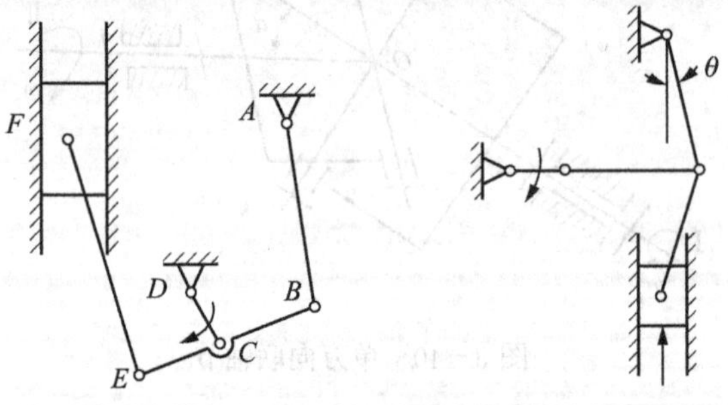

（a）　　（b）

图 3-42 往复移动的多杆机构

2. 凸轮-连杆送料机构

图 3-43 所示凸轮-连杆送料机构用于移动钢制圆薄片，操作速度达到 175 次/分。凸轮通过摇杆 2 和连杆 3 带动滑块 4 上下移动，同时又通过摇杆 5 和连杆 6 带动滑块 7 做水平运动，从而使空口完成取料、送料、放料、返回这一过程。

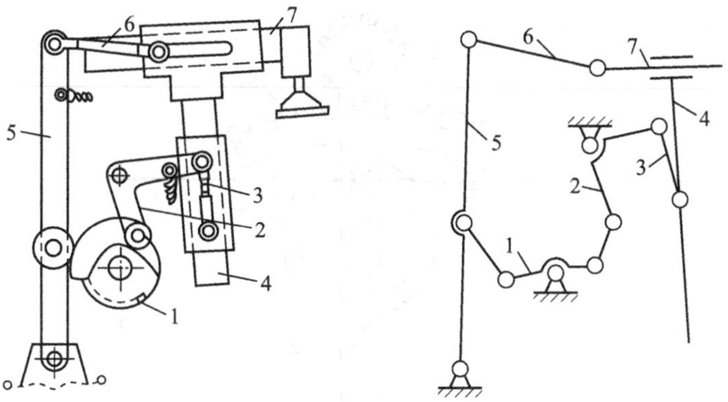

图 3 - 43　凸轮-连杆送料机构

1,2,5—摇杆;3,6—连杆;4,7—滑块

3. 齿轮-滑块机构

图 3 - 44 所示为齿轮-滑块机构,小齿轮 1 带动大齿轮 2 匀速转动,齿轮 1 带动齿轮 2 等速旋转,齿轮 2 通过销轴 3 带动曲柄 4 变速转动,继之通过连杆 5 带动滑块 6 做有急回的往复移动。滑块 6 的行程可调整轴柄 4 的长度来改变大小,且调节与急回时间无关。

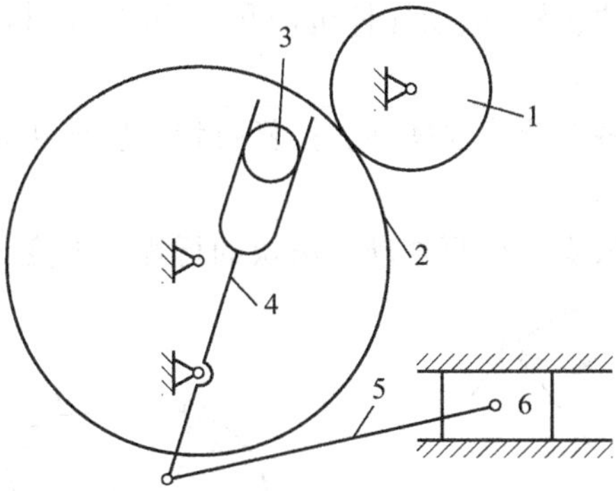

图 3 - 44　齿轮-滑块机构

1—小齿轮;2—大齿轮;3—销轴;4—曲柄;5—连杆

3.3.4　往复摆动机构

往复摆动机构是指原动件做匀速转动时,其从动件做往复摆动的机构。常见的机构有曲柄摇杆机构、曲柄摇块机构、摆动导杆机构、多杆机构、空间连杆机构、凸轮机构、组合机构等。

这里只简要介绍摆动导杆机构与齿轮组合机构。

图 3 - 45 所示组合机构,圆盘 3 做转动,盘上的销钉 4 通过摆动导杆 2 的滑槽带动导杆 2 做往复摆动。2 的顶部为一扇形齿轮 5,它与一小齿轮啮合,当齿轮 6 的齿数小于扇形齿轮的齿数时,齿轮 6 做往复摆动。该机构可实现大角度的往复摆动。

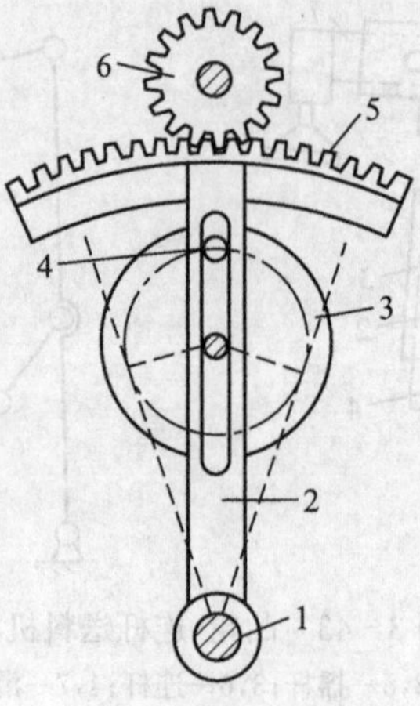

图 3-45 摆动导杆与齿轮组合机构

1—轴;2—导杆;3—圆盘;4—销钉;5—扇形齿轮;6—齿轮

3.3.5 急回机构

急回机构是指为了提高生产效率,保证产品质量而使机械的工作行程匀速慢进、空回行程能快速退回的机构,在切削机械等工作机中应用比较广泛。常用的急回机构由凸轮机构、曲柄摇杆机构、偏置曲柄滑块机构、摆动导杆机构和一些组合机构来实现。

1. 曲柄摇杆机构(图 3-46)

曲柄做匀速转动,摇杆做变速往复摆动。摇杆行程速度变化系数由极位夹角决定。

2. 偏置曲柄滑块机构(图 3-47)

曲柄匀速转动时,滑块做变速往复移动。滑块的行程速度变化系数由极位夹角决定。

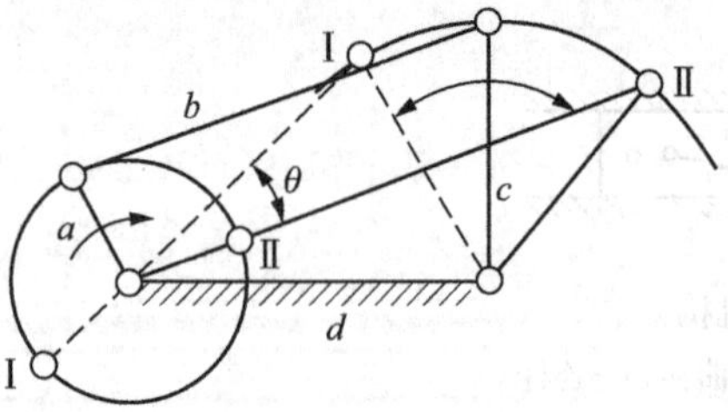

图 3-46 曲柄摇杆机构

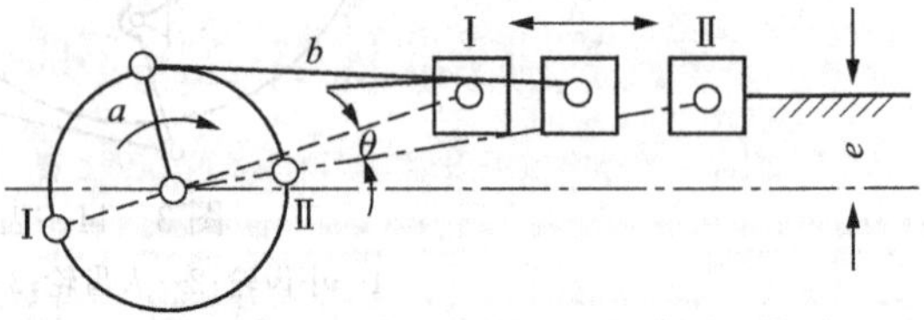

图 3-47 偏置曲柄滑块机构

3. 摆动导杆机构(图 3-48)

曲柄匀速摆动,导杆有急回特性。

4. 大摆角急回机构(图 3-49)

摆动导杆机构的导杆 3 与节圆半径 r_3 的扇形齿轮固定连接。齿轮 3 与节圆半径为 r_2 的齿轮啮合。当曲柄 1 做匀速转动时通过导杆 3 使扇形齿轮变速往复摆动并有与导杆 3 相同的急回特性。在扇形齿轮带动下,齿轮 2 亦做具有急回特性的往复摆动,但其摆角增大到

$$\psi_2=\left(2\arcsin\frac{a}{b}\right)\frac{r_1}{r_2}$$

时,此机构可用于既要求急回又要求大摆角的场合。

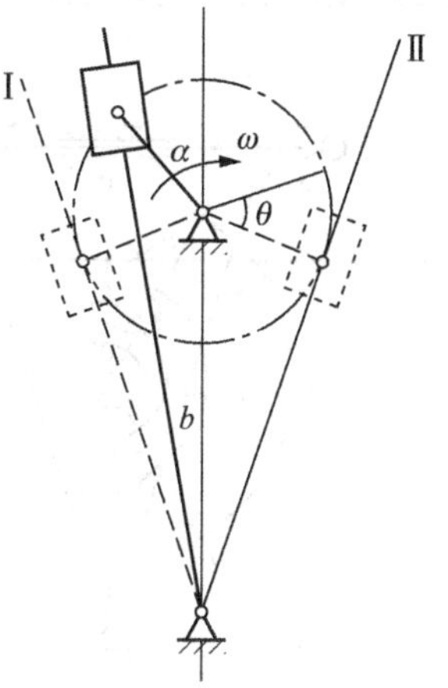

图 3-48　摆动导杆机构

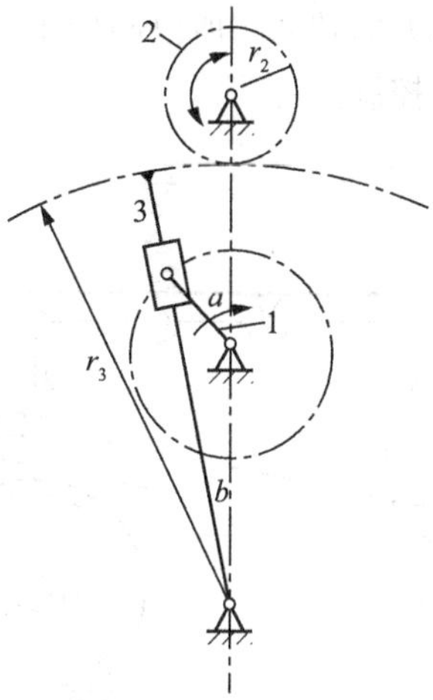

图 3-49　大摆角急回机构

3.3.6　间歇运动机构

间歇运动机构是指主动件做连续运动时，从动件产生周期性的运动和停歇的机构。除《机械原理》教材中已介绍过的棘轮机构、槽轮机构、凸轮机构等间歇运动机构外，再介绍以下组合机构的选例。

1. 凸轮控制离合器实现间歇运动的机构(图 3-50)

主动轴Ⅰ通过离合器 4 带动从动轴Ⅱ转动。同时又经过蜗杆 1 带动蜗轮 2 转动。当固定连接于蜗轮上的凸块 A 推动杆 3 使离合器脱开时，轴Ⅱ停止转动。轴Ⅱ的停止时间可以通过更换凸块来调整。

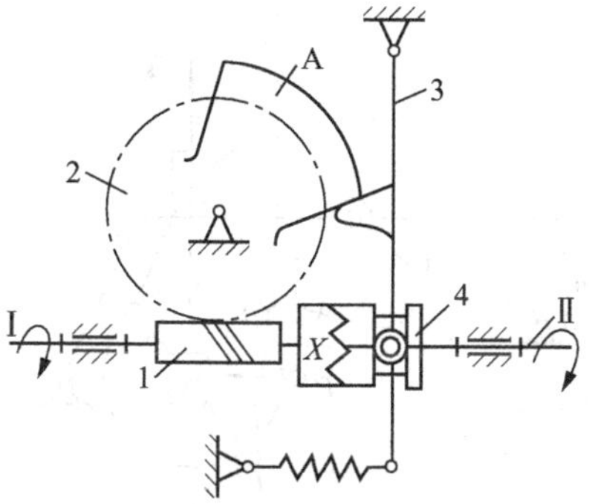

图 3-50　凸轮控制的间歇运动机构

1—蜗杆；2—蜗轮；3—杆；4—离合器

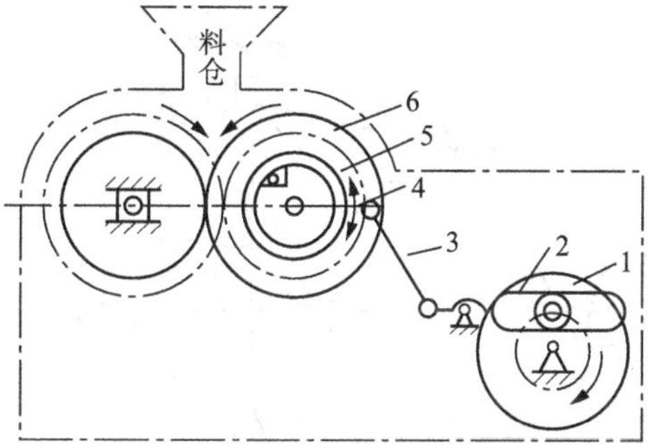

图 3-51　间歇喂料机构

1—主动曲柄轮；2,3—杆；4—摩擦轮；5—离合器；6—喂料辊

2. 间歇喂料机构(图 3-51)

主动曲柄轮 1 通过杆 2,3 使摩擦轮 4 往复摆动，再经过超越离合器 5 使喂料辊 6 做单向间歇转动，把料仓中的原料向下间歇送进。改变曲柄的长度可调节送进量的大小。

3. 凸轮控制定时脱啮的齿轮-连杆机构(图 3-52)

凸轮 1 通过摆杆 2 的滚轮带动摆杆 2 绕回转轴 *B* 往复摆动，摆杆 3 带动摇块 4 上下运动，从而驱动齿条 5 与齿轮 6 啮合或分离，当滑块 4 处于高位时(图示位置)，齿条 5 与齿轮 6 脱离啮合，则凸轮 1 旋转时齿轮 6 静止不动；当滑块 4 处于低位时，齿条 5 与齿轮 6 啮合，从而带动齿轮沿图示方向转动。所以凸轮 1 的连续转动可产生齿轮 6 的间歇运动，齿轮 6 的停止时间受凸轮形状控制。

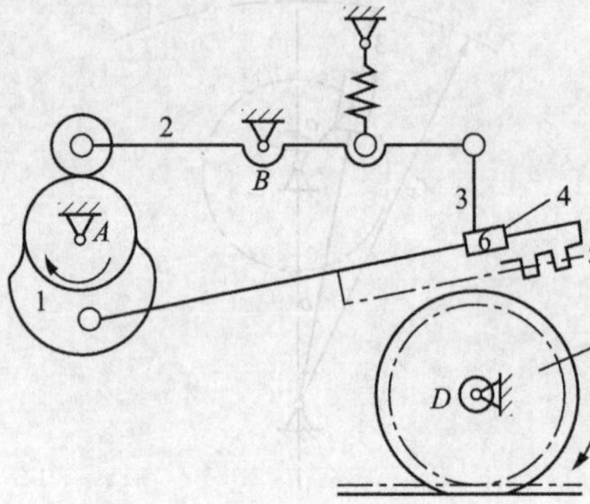

图 3-52　定时脱啮的齿轮-连杆机构

1—凸轮；2，3—摆杆；4—摇块；5—齿条；6—齿轮

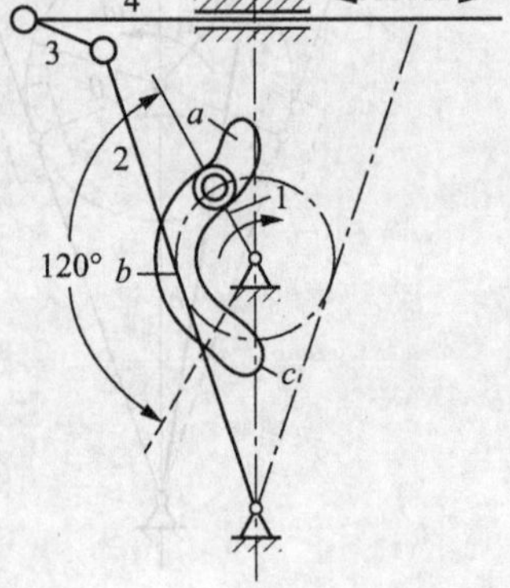

图 3-53　曲线槽导杆机构

1—主动曲柄；2，3，4—导杆

4. 单侧停歇的曲线槽导杆机构(图 3-53)

导杆 2 的导槽由如图 3-53 所示的圆弧槽组成。主动曲柄的导槽由如图所示的 a，b，c 三段圆弧槽组成。当主动曲柄 1 在 120°范围内运动时，滚子位于 b 段圆弧槽内，导杆停歇。所以从动导杆具有单侧停歇的间歇运动特性。可用于食品加工机械中作为物料的推送机构。该结构紧凑，制造简单，运动性能较好。如果导槽曲线由两段相对的圆弧构成时，则可获得双侧停歇的间歇运动。

5. 利用连杆轨迹的近似直线段实现间歇运动的机构(图 3-54)

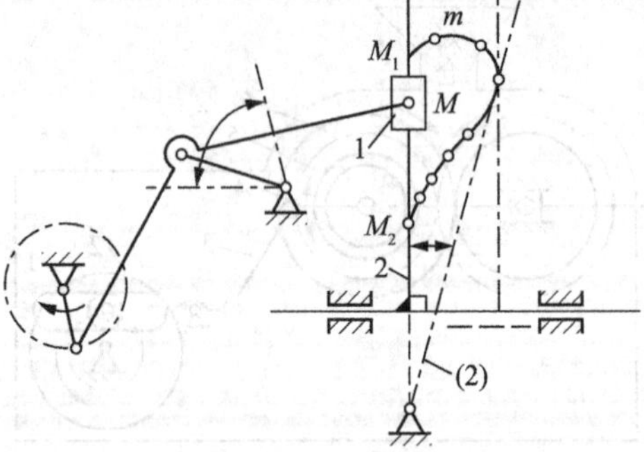

图 3-54　利用轨迹直线段的间歇运动机构

1—滑块；2—导杆

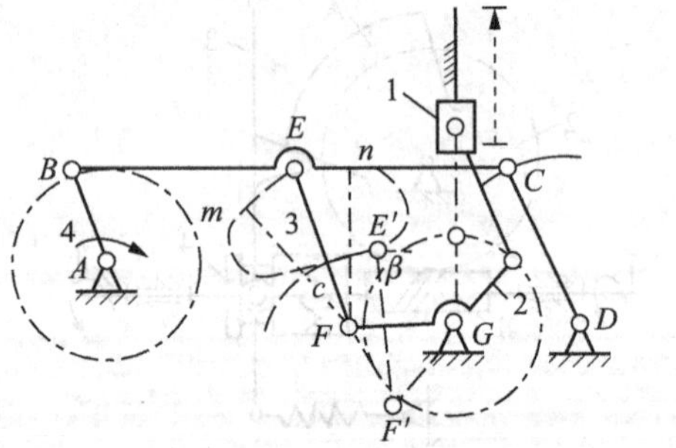

图 3-55　利用轨迹近似圆弧段的停歇运动机构

1—滑块；2—摇杆；3—连杆

连杆 M 点的轨迹 m 上有一近似直线段 $\overline{M_1M_2}$，如在 M 点加上滑块 1 和导杆 2(导槽与 $\overline{M_1M_2}$ 重合)，则 M 点走到直线段 $\overline{M_1M_2}$ 时，导杆近似停歇。

6. 利用连杆轨迹的近似圆弧段实现双侧停歇的机构(图 3-55)

喷气织机开口机构中的滑块 1 在上下极限位置时，需要一段停歇时间，以便引入纬纱。图 3-55 中曲柄摇杆机构 $ABCD$ 中连杆 BC 上 E 点的轨迹如虚线所示，其上 mn 和 $c\beta$ 段均与半径为 r 的圆弧很接近，圆弧中心分别为 F 和 F'。今在 FF' 的垂直平分线上取一点 G，以 $\overline{FG}$ 为摇杆 2，以 $\overline{EF}=r$ 为连杆 3，则当 E 点运动至 mn 和 $c\beta$ 段时，摇杆 2 在 $\overline{FG}$ 和 $\overline{F'G}$ 两极限位置近似停歇，以满足滑块在上下极限位置的停歇要求。

7. 齿轮-连杆组合机构

合理选择图 3-41 所示机构的尺寸，能使从动轮 4 既可做单方向的非匀速转动，也可做有瞬时停歇的转动或带逆转的转动。

8. 齿轮-凸轮组合机构(图 3-56)

图 3-56 为由周转轮系和凸轮机构组成的实现预期运动规律的间歇运动机构。转臂 H、行星轮 3 及中心轮 1 组成周转轮系；固定不动的凸轮 4 和装在行星轮上的滚子 2 组成凸轮机构。H 为主动件。中心轮 1 为从动件。利用凸轮控制行星轮绕轴线 A 做附加运动，从而使中心轮 1 由原来的 $\omega_1=\omega_H$ 转变到按预期运动规律做变速运动。

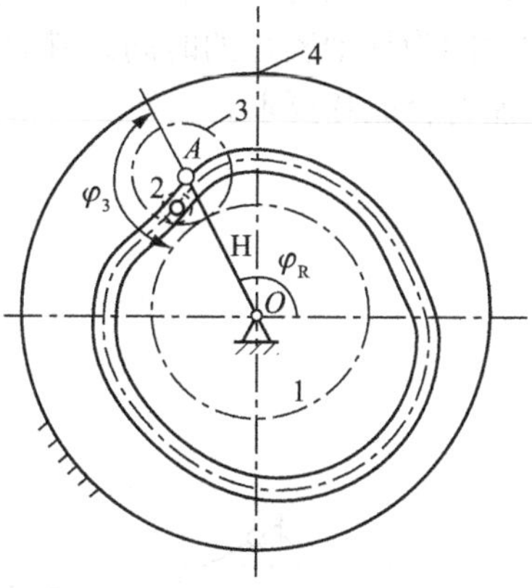

图 3-56　齿轮-凸轮组合机构

1—中心轮；2—滚子；3—行星轮；4—凸轮

9. 凸轮-连杆组合机构(图 3-57)

这种机构可使从动件实现预期的运动规律和轨迹。图 3-57 为实现预期运动规律的凸轮-连杆组合机构。曲柄为主动构件，匀速转动，利用凸轮控制从动件按预期运动规律运动。

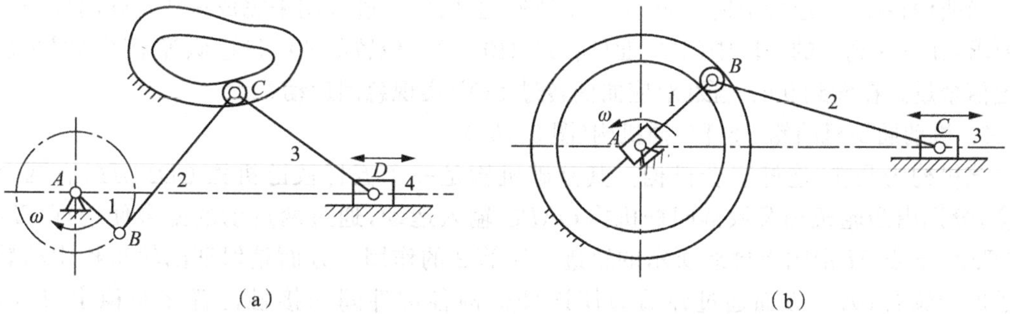

1,2,3—导杆；4—滑块　　1,2—导杆；3—滑块

图 3-57　凸轮-连杆组合机构

3.3.7 实现预定轨迹的机构

因为特殊工艺要求、特殊动作需求；或因导轨导向时存在某些困难，而要以转动副代替移动副；或因非圆件难以加工等原因；常常需要一些能实现特殊轨迹或完成特殊动作，并能达到预期位置的机构。连杆机构中的连杆和行星轮系中的行星轮上的点能实现复杂轨迹，凸轮机构的从动件能实现预期的运动规律，这些连杆机构和齿轮机构及其一些组合机构能实现复杂轨迹的要求。

1. 摄影机抓片机构(图 3－58)

摄影机需要间歇地移动胶片，所以要求抓片齿 M 能接近垂直地插入胶片齿孔中，然后平稳地沿直线拉动胶片，最后又接近垂直地退出齿孔。图 3－58 中通过一个曲柄摇杆机构来实现抓片要求。连杆上的点 M 走 D 字形轨迹，点 M 在 M_1M_2 直线段的移动为胶片移动过程，此过程中曲柄转过 α 角，对应的时间为移动胶片的时间。其余 $360°-\alpha$ 的曲柄转角所对应的时间为胶片停歇时间，它基本上能符合抓片要求。

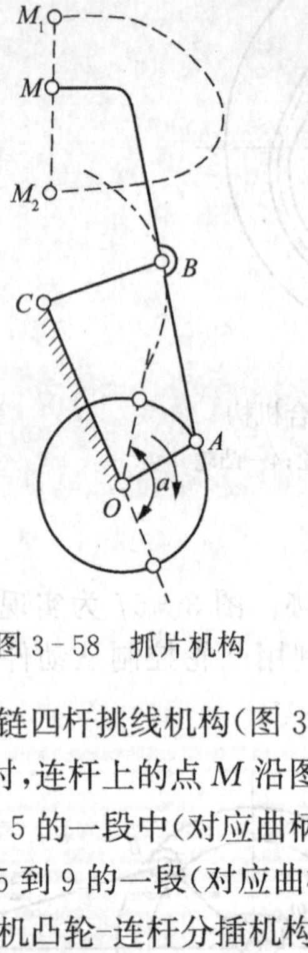

图 3－58 抓片机构

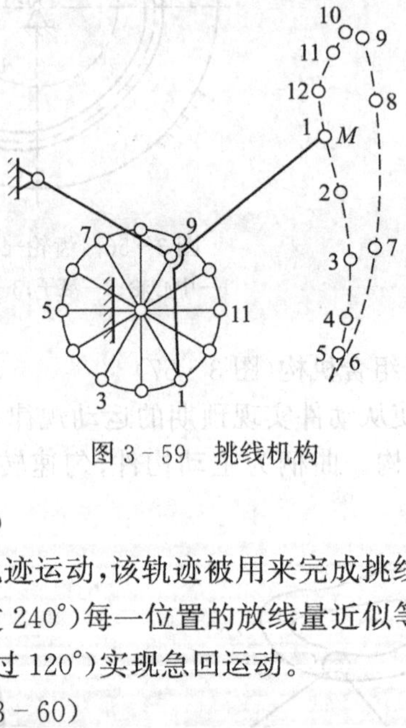

图 3－59 挑线机构

2. 缝纫机铰链四杆挑线机构(图 3－59)

当曲柄转动时，连杆上的点 M 沿图示轨迹运动，该轨迹被用来完成挑线动作时应满足下述要求：在点 9 到 5 的一段中(对应曲柄转过 240°)每一位置的放线量近似等于所需线量加某一定值余量。在 5 到 9 的一段(对应曲柄转过 120°)实现急回运动。

3. 机动插秧机凸轮-连杆分插机构(图 3－60)

该机构为凸轮-连杆组合机构。其基础机构是一个五杆铰链机构 $CDFGH$，有两个自由度，分别由凸轮机构及铰链四杆机构 $OABC$ 输入运动，通过两运动的配合使连杆 FD 上(秧爪上)的点 M 走图上虚线所示的轨迹。压簧 2 的作用一方面是保证凸轮机构中凸轮与滚子的力锁合；另一方面通过弹簧力使连杆机构各构件间的接触位置相对稳定，以减少铰链中间隙对秧爪运动精度的影响。拉簧 1 用于平衡秧爪的惯性力，使机构能平稳地工作。

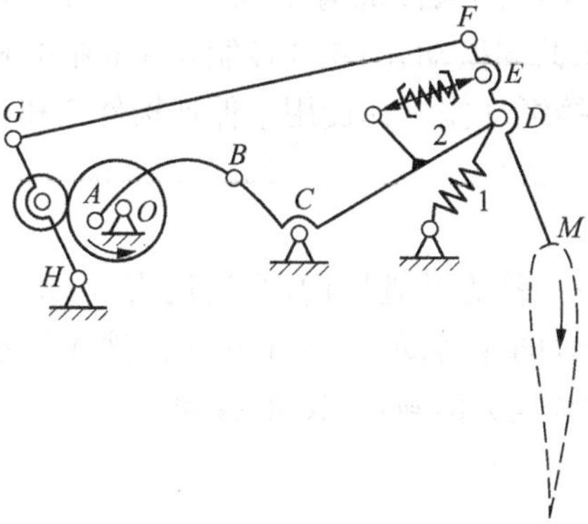

图 3-60　分插机构

1—拉簧；2—压簧

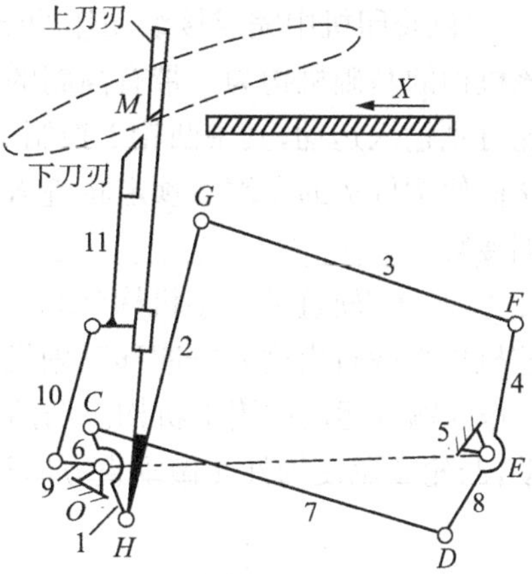

图 3-61　剪切机构

1,2,3,4,7,10,11—连杆；5—支座；6,9—曲柄；8—摇杆

4. 飞剪机剪切机构(图 3-61)

飞剪机主要用来将厚度 6.4 mm 以下的热轧钢带剪成一定长度的钢板。剪切机的上下刀刃分别装在构件 2 和 11 上，由各自的传动系统带动，对运动中的钢材进行剪切。剪切机的上刀刃装在铰链五杆机构 *OHGFE* 的连杆 2 上。此五杆机构的两个主动件分别与铰链四杆机构 *OCDE* 的曲柄 6 和摇杆 8 固定连接，所以上刀刃的运动是由铰链四杆、五杆机构组成的组合机构来带动，实现图上虚线的轨迹。因为飞剪机是在钢材运动过程中进行剪切的，所以必须保证在剪切段内上刀刃在 *X* 方向(钢带输送方向)的速度分量与钢带速度同步。下刀刃 11 是在构件 2 的导轨中做往复运动，它由曲柄 9 带动，9-10-11 相对于 2 是一个曲柄滑块机构。适当选择 9 和 1 之间的相位角，使下刀刃轨迹和上刀刃轨迹在要求的剪切区中相交完成剪切动作。

5. 平板印刷机中用以完成送纸动作的机构(图 3-62)

此机构是以铰链五杆机构 *ABCDE* 为基础机构，分别由凸轮 1,2 输入所需运动(凸轮 1 和 2 固定连接成一体，称为双联凸轮)，使连杆 *CD* 上的点 *M* 走出图中虚线所示的矩形轨迹。

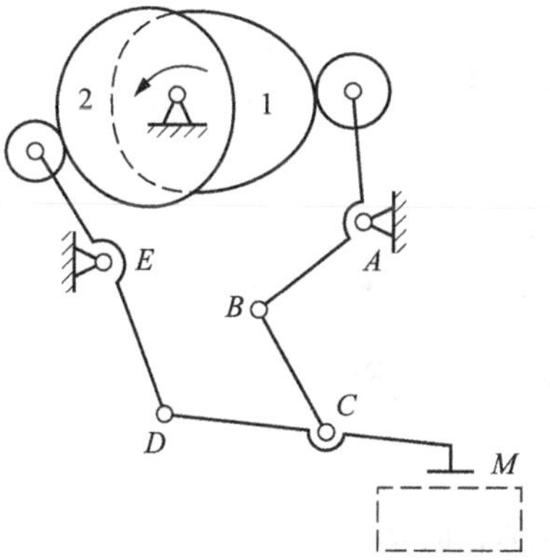

图 3-62　送纸机构图

1,2—凸轮

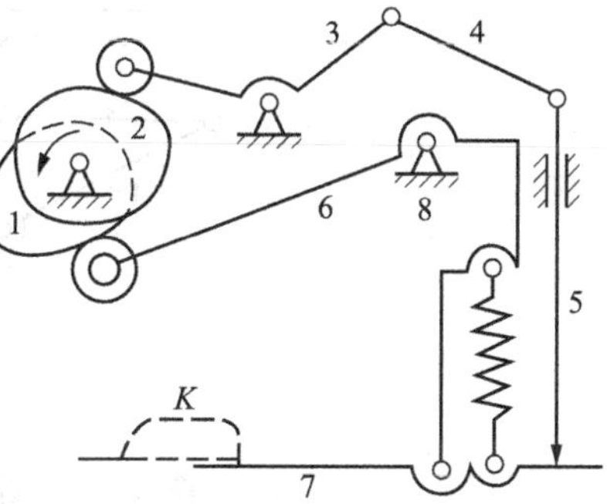

图 3-63　接纸机构

1,2—凸轮；3,4,5,6,7—构件；8—支座

6. 双色胶印机中完成接纸动作的凸轮-连杆组合机构(图 3-63)

该机构的基础机构为一带有高副的具有两个自由度的六杆机构 3-4-5-6-7-8,由双联凸轮分别输入运动,其中凸轮 1 控制构件 6 和 5 的共同摆动,凸轮 2 控制 5 在 6 中的相对移动。从而使构件 7 的左端沿预定轨迹 K 运动,完成接纸动作。弹簧用于保证构件 7 和 5 之间的高副接触。

7. 实现“R”轨迹的刻字机构(图 3-64)

该机构由两自由度四杆四移动副机构 3-4-5-6 作为基础机构,凸轮机构 1-3-6 和 2-5-6 作为输入运动的附加机构。两凸轮为主动件以同速转动,凸轮 1 驱使构件 4 做水平方向移动,凸轮 2 驱使构件 4 做垂直方向移动,两移动合成为沿轨迹“R”的移动。

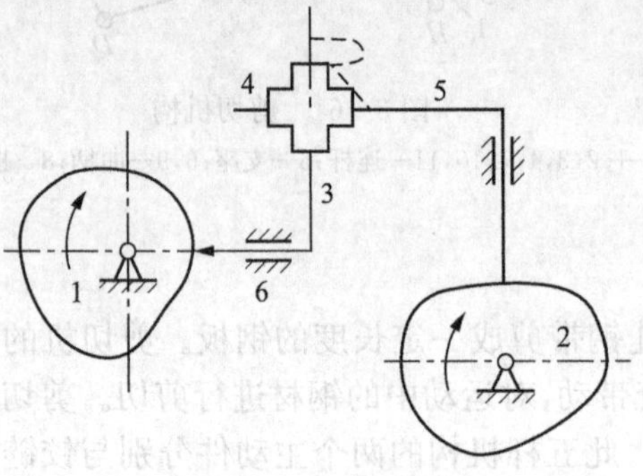

图 3-64 刻字机构

1,2—凸轮;3,4,5—构件;6—滑槽

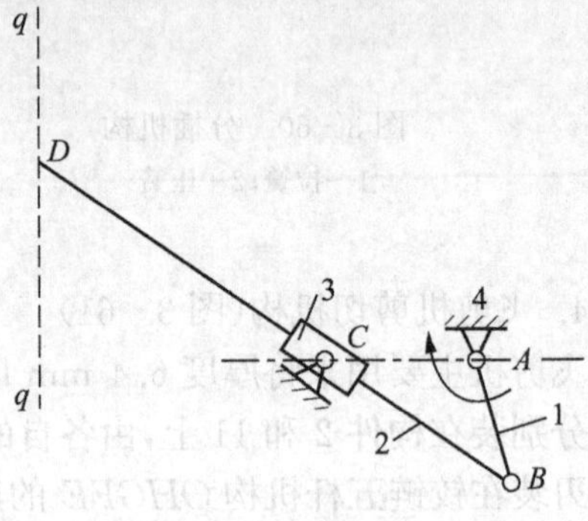

图 3-65 近似直线轨迹的曲柄摇块机构

1,2—构件;3—滑块;4—支座

8. 近似直线轨迹的曲柄摇块机构

图 3-65 中的曲柄摇块机构中,当机构尺寸满足下列条件时:$AC=1.5AB$,$BD=5.3AB$,构件 1 绕点 A 转动时,构件 2 上点 D 轨迹在某区间内近似垂直 AC 的直线 qq。

9. 近似直线轨迹的六杆机构

图 3-66 所示的六杆机构中,当机构尺寸满足下列条件时:$BC=AD$,$AB=CD$,$AE=EB=EF$,$CF=0.27AE$,$ABCD$ 是平行四边形,构件 1 绕点 A 转动时,点 F 在某范围内的近似直线轨迹为 qq'。

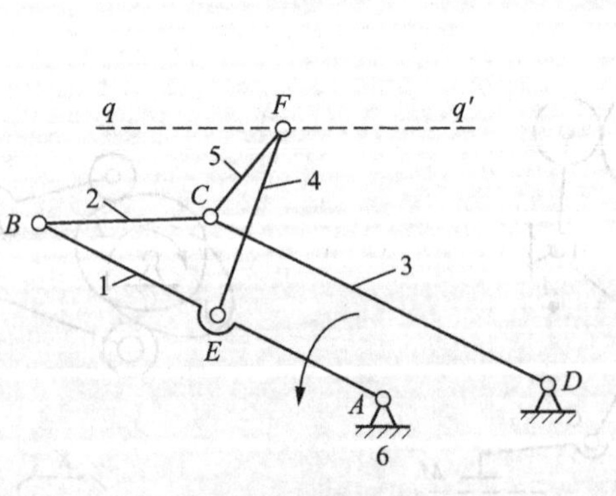

图 3-66 近似直线轨迹的六杆机构

1,2,3,4,5—构件

第4章　常用机构的建模与运动仿真

机构的建模与运动仿真是机械原理课程设计的重要环节，而 SolidWorks 是一款领先的、主流的、基于 Windows 的三维 CAD 软件，具有功能强大、易学易用和技术创新三大特点，深受业界欢迎，许多高校也将其列为学生的必学软件。本章以 SolidWorks 2012 为软件平台，介绍机构建模与运动仿真的基本知识。

4.1　SolidWorks 基础

4.1.1　SolidWorks 2012 界面介绍

运行 SolidWorks 2012，选择新建 SolidWorks 文件，如图 4-1 所示，可以建立 3 种不同类型的文件：零件文件、装配体文件和工程图文件。不同文件类型所对应的用户界面也有所不同，这样便于用户对不同类型的文件进行编辑操作。

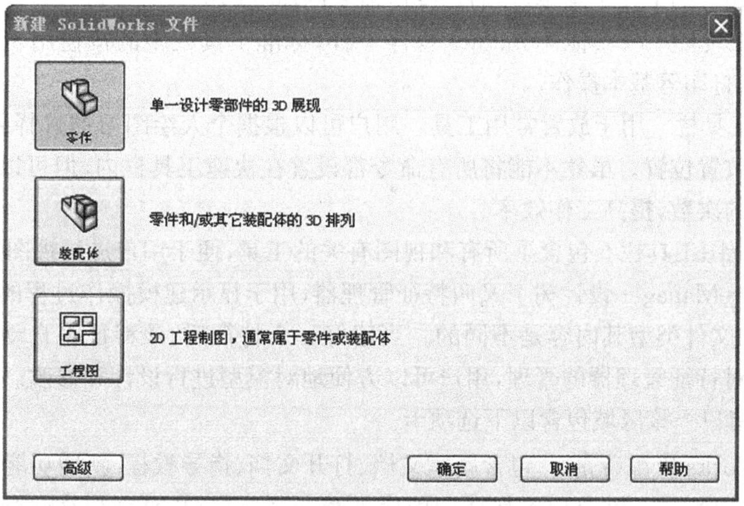

图 4-1　新建 SolidWorks 文件

零件编辑状态下的界面如图 4-2 所示。其用户界面包括菜单栏、工具栏、绘图区和状态栏等通用界面要素，其大部分命令都可以通过菜单栏来执行。用户可以根据需要自定义工具栏，既可以显示或隐藏工具栏中的按钮，还可以重新安排工具栏中按钮的位置。各部分功能介绍如下。

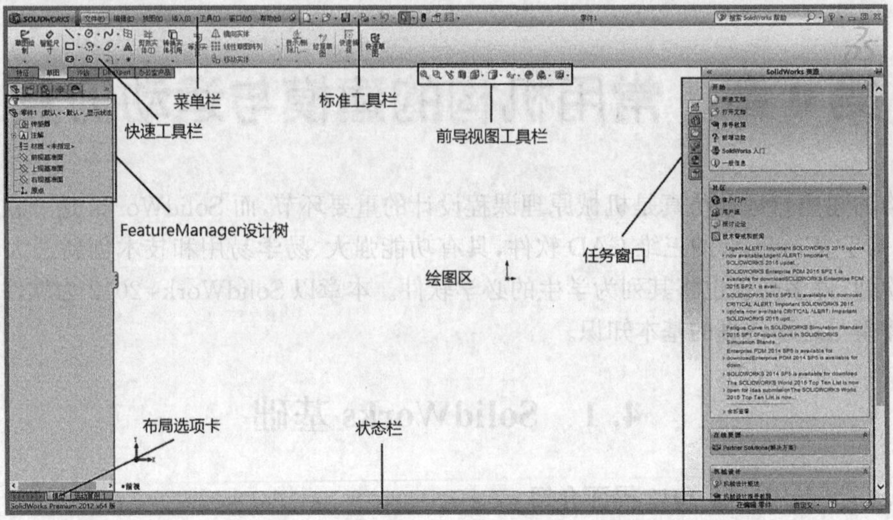

图 4-2 SolidWorks 2012 零件编辑界面

(1) 菜单栏 包含文件、编辑、视图、插入、工具、窗口、帮助等菜单。单击任意一个菜单按钮就会出现相应的下拉子菜单,然后选择所需要的命令即可。

(2) 标准工具栏 与其他 Windows 程序一样,标准工具栏中的按钮用于对文件执行新建、打开、保存、打印等基本操作。

(3) 快速工具栏 用于放置常用工具。用户可以根据个人绘图习惯选择要放置的工具,并设置工具的放置位置。虽然不能将所有命令都设置在快速工具栏内,但可以有效减少调用一般常用工具的次数,提高工作效率。

(4) 前导视图工具栏 包含了所有和视图有关的工具,便于用户进行视图操作。

(5) FeatureManager 设计树 又叫特征管理器,用于显示建模操作过程的所有步骤和顺序,对于不同的文件类型其内容是不同的。当建好一个特征后,该特征将自动加入到特征管理器中。通过对特征管理器的管理,用户可以方便地对模型进行设计和修改。

(6) 任务窗口 该区域包含以下选项卡。

① SolidWorks 资源( ) 包含新建文档、打开文档、指导教程、新增功能等。

② 设计库( ) 在此可以方便地调用标准零部件,也可将设计好的零部件添加到设计库,供以后调用。

③ 文件探索器( ) 与 Windows 的资源管理器类似,并加上了最近在 SolidWorks 2012 中打开的文件(最近文档)。

④ 视图调色板( ) 用于指定要拖动到工程图图纸上的各种视图,如:标准视图、剖面视图、注解视图等。

⑤ 外观、布景和贴图( ) 通过拖动来设置模型的外观、布景和贴图。设置方法是在任务窗格里找到要设置的外观、布景或贴图,然后将其拖动到模型或 FeatureManager 设计树中。

⑥ 自定义属性( ) 用于定义或编辑当前零件的属性。

（7）绘图区　是 SolidWorks 最常用区域，用于进行零件设计、制作装配体、绘制工程图的工作区域。

（8）布局选项卡　用于切换不同模块的操作界面。默认的有“模型”和“运动算例 1”两个布局。

（9）状态栏　用于显示当前操作的提示语句和正在编辑工作的模式，如果绘图时不知道下一步如何操作，可以在此获得提示。

4.1.2　2D 草图绘制

草图绘制就是指利用草图绘制工具将模型的剖面轮廓绘制出来。在 SolidWorks 中，实体模型的大多数特征都是从 2D 草图绘制开始的，草图包含 3 个要素，分别是几何线条、几何尺寸和几何约束。在绘制草图时，可先绘制大致形状，然后再通过几何尺寸和几何约束来规范草图，使其成为需要的图形。

1. 草图绘制过程

在绘制草图前应将工具栏切换到【草图】状态下，如图 4－3 所示。

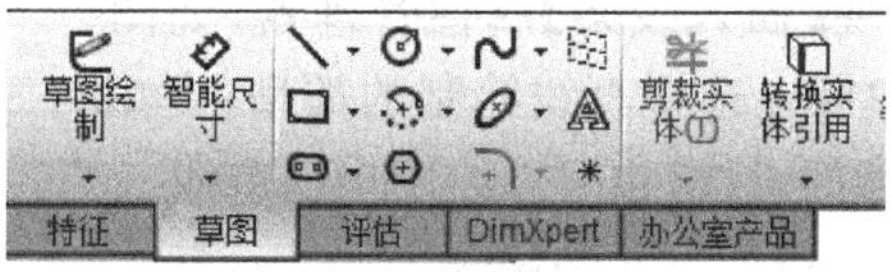

图 4－3　草图绘制工具栏

一般草图的绘制过程如下。

① 选择草图绘制的基准面。在 FeatureManager 设计树中，系统提供了三个草图绘制基准面，即前视基准面、上视基准面和右视基准面。默认情况下，系统选择的是前视基准面。此外，用户还可以根据绘图需要新建基准面，然后选取新建的基准面作为草图绘制的基准面。

② 单击草图绘制工具栏中的“草图绘制”按钮，进入草图绘制模式。此时，“草图绘制”按钮被激活，状态栏也显示正在编辑草图。

③ 单击“草图绘制工具”按钮进行草图绘制，如“直线”、“圆”、“矩形”等。

④ 使用草图编辑工具对绘制的图形进行编辑，如“裁剪实体”、“镜向实体”等。

⑤ 使用“智能尺寸”工具，标注草图的几何尺寸。

⑥ 对所绘制的图形添加几何关系，使草图处于完全定义状态。

⑦ 退出草图绘制模式。如果绘制的草图不是很理想，可以右击 FeatureManager 设计树中的草图，然后在弹出的快捷菜单中选取“编辑草图”，对草图进行修改。

草图除了可以在基准面上绘制外，还可以在零件的面上绘制，其绘制过程与前面所讲的类似，只需将基准面换成需要绘制草图的面即可。如果要在零件的另一面上继续绘制草图，这时需要退出当前草图，然后选择新的面再进行草图绘制。这种草图的绘制在三维建模中运用非常多，例如，在零件的面上需要拉伸一个凸台，就必须先在零件的该面上草绘出凸台的截面形状。

2. 基本图形的创建

SolidWorks 2012 提供的草图工具栏中包含了草图创建的几乎所有工具，如图 4－4 所示。利用这些工具可以绘制出复杂的轮廓。所有复杂的图形都是由一些基本图形组成的，掌握了基本图形的创建就等于草图绘制完成了一半。我们将基本图形的创建分为基本图形的绘制和基本图形的编辑两部分，下面将对这两部分进行介绍。

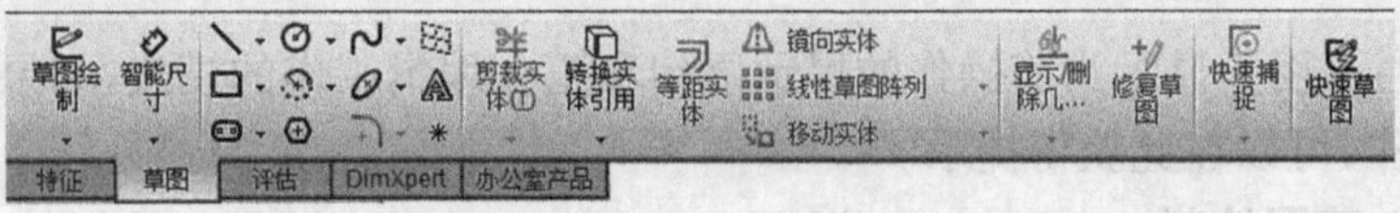

图 4-4　草图工具栏

基本图形的绘制是指利用草图绘制工具来绘制草图的基本图形，如直线、圆、圆弧、样条曲线、多边形、椭圆等。这里介绍几种最基本的几何图形。

(1) 直线的绘制

在所有草图中，直线是最基本的几何图形。单击草图工具栏按钮"\"(直线)时会出现【插入线条】属性管理器，如图 4-5 所示。在属性管理器中可以选择直线绘制的类型，类型有水平、竖直、角度、无限长度的直线，也可以绘制出构造线。

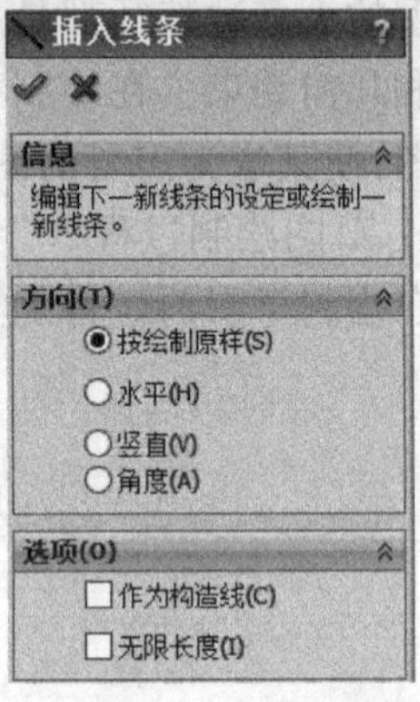

图 4-5　【插入线条】属性管理器

对绘制出的直线还可以进行如下几种修改：

① 选择并拖动一个端点来延长或缩短直线。

② 选取一条直线拖动到另一个位置来实现直线位置的移动。

③ 选择一个端点并拖动它来改变直线倾斜的角度。

(2) 圆的绘制

圆也是草图绘制中经常使用的基本图形之一，SolidWorks 2012 的草图工具栏"⊙"(圆)提供了两种绘制圆的方法：创建圆和周边圆。如图 4-6 所示，系统默认的方式是创建圆，即指定圆的圆心和半径。周边圆则是通过给定圆周上的三点来生成圆。

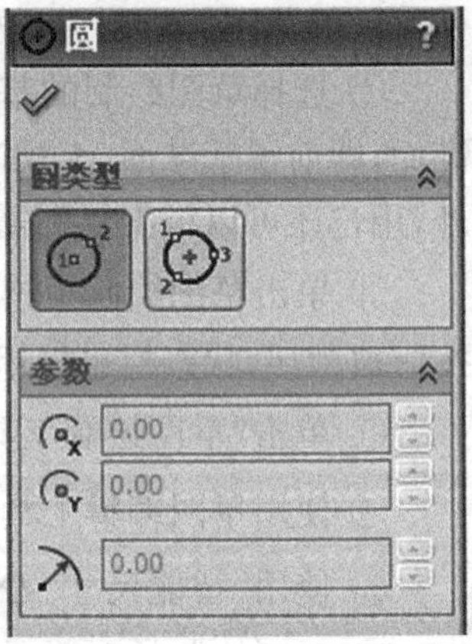

图 4-6　【圆】属性管理器

通过以上两种方法绘制的圆都可以进行修改，例如，拖动圆的边线来放大或缩小圆，或者拖动圆的中心来移动圆。如果要改变圆的属性，可以在草图中选择所要修改的圆，然后在【圆】属性管理器中进行编辑。

(3) 矩形的绘制

单击草图工具栏上的按钮"□"(矩形绘制)，弹出【矩形】属性管理器，如图 4-7 所示。利用该属性管理器能绘制出 5 种四边形，即边角矩形、中心矩形、3 点边角矩形、3 点中心矩形和平行四边形。

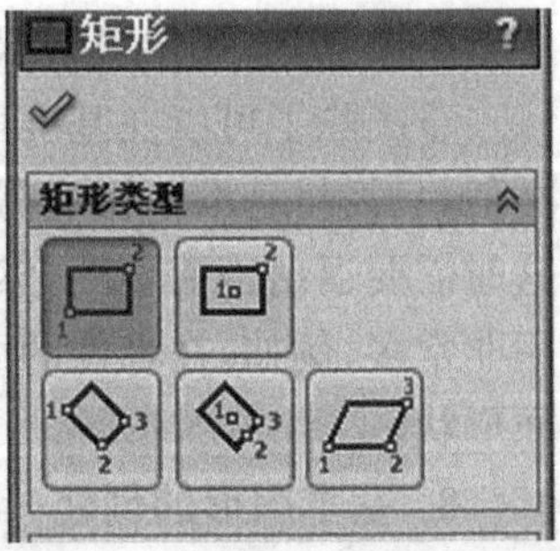

图 4-7　【矩形】属性管理器

3. 智能尺寸标注

智能尺寸标注是草图绘制过程中的重要组成部分。虽然系统能够自动捕捉用户的设计意图，但绘制出的图形往往不能满足设计要求，还需进行尺寸修改和标注。在 SolidWorks 中，可通过更改标注的尺寸来改变零件的大小和形状，即具有“尺寸驱动”功能。

(1) 设置度量单位

在 SolidWorks 2012 中有多种度量单位可供选择，设置度量单位的方式为：选择【工具】/【选项】命令，点击【文档属性】对话框，然后选择【单位】项目，如图 4-8 所示，在【单位系统】中选择 MMGS(毫米、克、秒)，最后单击【确定】按钮。

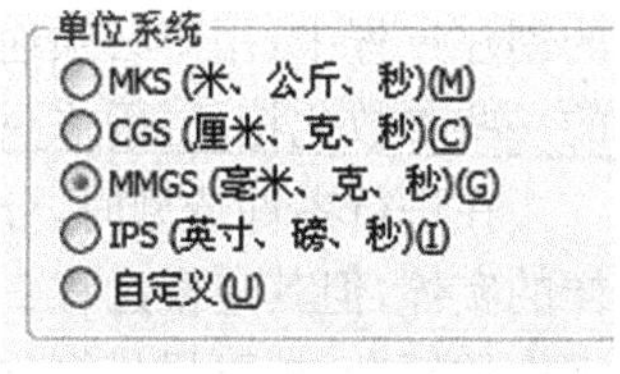

图 4-8　设置度量单位

(2) 线性尺寸的标注

线性尺寸一般用于标注直线段的长度和两几何元素间的距离，标注方法如下。

① 单击工具栏中的“智能尺寸”按钮“ ”。

② 选择要标注的直线段或要标注距离的两个几何元素，出现尺寸标注线，并随着鼠标指针移动。

③ 在适当位置单击已固定尺寸标注线，弹出如图 4-9 所示的【修改】对话框，可以对当前尺寸进行修改。在对话框中输入所要求的尺寸值，单击“确定”按钮“ ”，完成尺寸标注。线性尺寸标注的例子如图 4-10 所示。

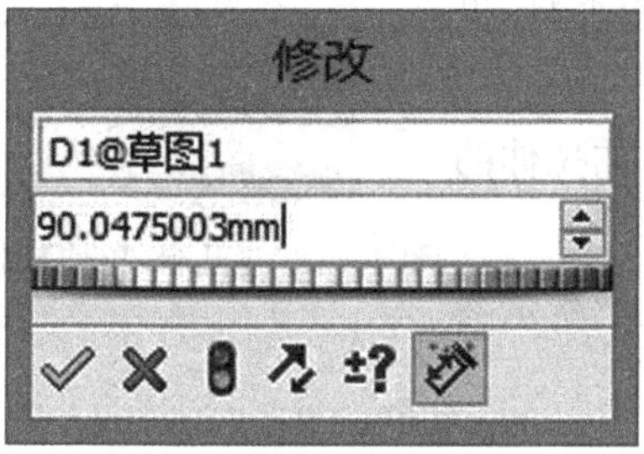

图 4-9　【修改】对话框

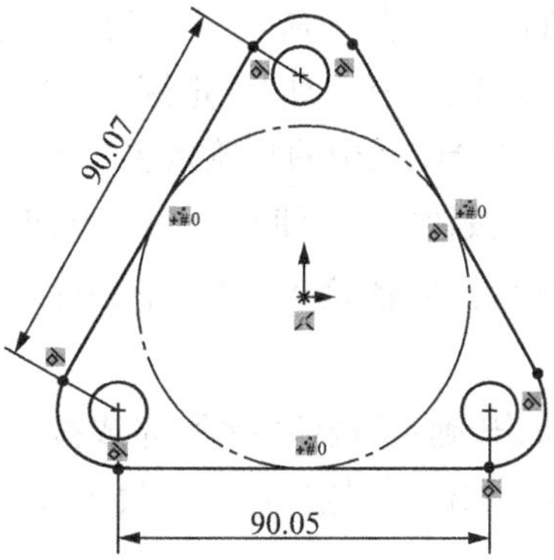

图 4-10　线性尺寸标注

修改尺寸的另一种方法是：双击尺寸值打开【修改】对话框，再进行尺寸修改。

(3) 半径和直径尺寸的标注

半径和直径尺寸的标注方法与线性尺寸的标注方法相同。在系统默认情况下，SolidWorks 2012 对圆弧标注半径尺寸，对圆标注直径尺寸，如图 4-11 所示。

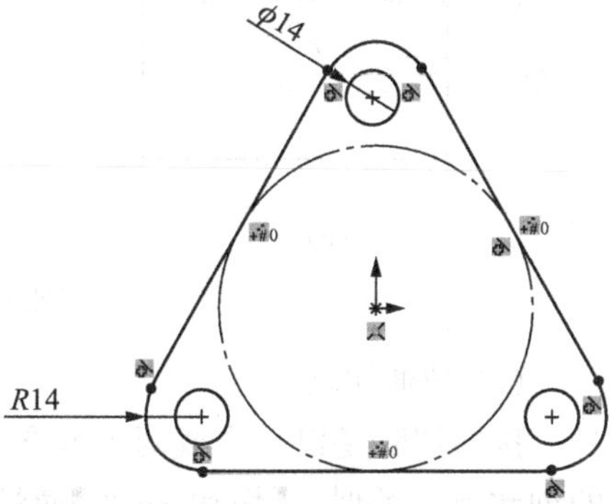

图 4-11　半径和直径尺寸的标注

4.1.3　3D 特征造型

目前，SolidWorks 三维模型采用的是实体模型表达方式，这种表达方式是基于特征来完成实体的造型。所谓基于特征，是指零件的造型是通过各种三维特征来生成的。任何复杂的零件，都可以看成是由一些简单的特征组成的，其造型过程就是三维特征的叠加过程。

特征是指可以用参数来确定的三维实体模型，即通过改变特征的参数，可以调节模型的形状和大小。对于模型中的特征，既可以进行重新编辑，还可以将其从模型中删除。

根据特征生成方法的不同，可以将特征分为草绘特征和放置特征。草绘特征是指在特征的创建过程中，用户必须通过草绘特征轮廓才能生成的特征；放置特征是指系统内部定义好的一些参数化特征，用户只需要根据系统的提示设置各种参数即可完成特征的创建。

在进行零件造型时，分析特征的创建顺序尤为重要。虽然不同的建模过程能够创建出同样的实体，但其建模过程直接影响了模型的可修改性、可理解性和设计者的工作效率。因此，零件越复杂，越要尽量简化零件的特征结构。

1. 草绘特征

(1) 拉伸凸台/基体

【拉伸凸台/基体】是以一个或两个方向拉伸二维平面草图，生成三维实体，是三维建模中最基本、最常用的一个特征。操作方法为：

① 首先用各种草图绘制工具绘制出二维平面草图，然后，单击特征工具栏中的"拉伸凸台/基体"按钮" "，弹出图 4-12 所示的【凸台-拉伸】属性管理器。

② 在【方向 1】下，从" "右边的"终止条件"下拉列表中选择拉伸的终止条件，如"给定深度"、"成形到一面"等。

③ 查看绘图区中的预览效果。如果拉伸的方向不对，可单击"反向"按钮" "，使其向另一方向拉伸。

④ 在" "右侧输入与"终止条件"对应的参数，如拉伸的深度等。

图 4-12 【凸台-拉伸】属性管理器

⑤ 单击"确定"按钮" "，完成拉伸。按图 4-12 所示参数拉伸一个基体，其拉伸过程及效果如图 4-13 所示。

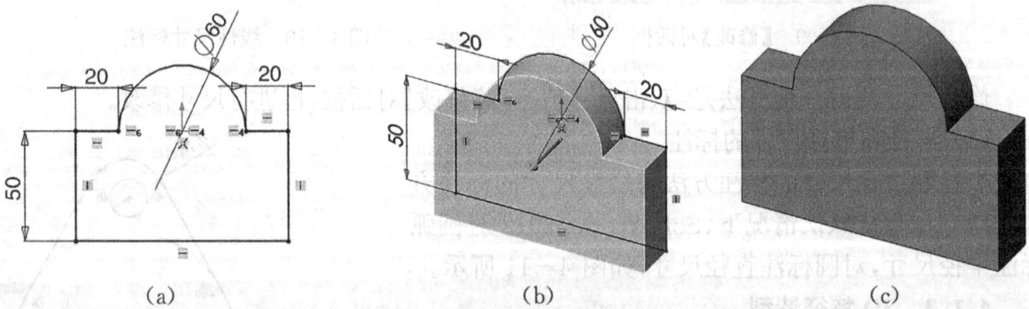

图 4-13 基体拉伸过程及效果

(2) 拉伸切除

拉伸切除是以一个或两个方向拉伸草图来切除实体，其创建方式与"拉伸凸台/基体"的创建方式类似。【切除-拉伸】属性管理器如图 4-14 所示，可以看出，参数设置与【凸台-拉伸】属性管理器基本相同。按图 4-15(a)所示的参数对基体拉伸、切除后的效果如图 4-15(b)所示。

• 保存动画按钮　单击该按钮，将模拟动画保存为视频，视频格式自行设定，默认为 avi 格式。

• 动画向导按钮　单击该按钮，可在设定时刻插入视图，还可设定旋转及爆炸动画，也可解除爆炸动画。

• 自动键码按钮　单击该按钮，可为移动或更改后的零部件在时间栏内自动生成新键码，再次单击该按钮可将其关闭。

• 添加/更新键码按钮　单击该按钮，可在时间栏上添加新键码，或者更新当前已有键码。

• 马达按钮　单击该按钮，为装配体添加驱动。

• 弹簧按钮　单击该按钮，在零部件之间添加弹簧。

• 阻尼按钮　单击该按钮，在零部件之间添加阻尼。

• 力按钮　单击该按钮，为零部件添加力或者力矩。

• 接触按钮　单击该按钮，为选定的多个零部件定义接触。

• 引力按钮　单击该按钮，开启运动算例的引力、数值及方向的自行设定。

• 结果图解按钮　单击该按钮，添加运动算例的计算结果图解。

• 运动算例属性按钮　单击该按钮，为设计算例设定仿真属性。

• 视图切换按钮　单击该按钮，可在基于事件的运动视图和时间线视图之间切换。

• 折叠 Motion Manager 按钮　单击该按钮，可将 Motion Manager 界面最小化；再次单击该按钮，还原 Motion Manager 先前的界面。

(2) 模型设计树按钮图标

• 无过滤按钮　处于按下状态时，在 Motion Manager 设计树中显示所有项目。

• 过滤动画按钮　处于按下状态时，只显示在动画过程中移动或更改的项目。

• 过滤驱动按钮　处于按下状态时，只显示引发运动或其他更改的项目。

• 过滤选定按钮　处于按下状态时，只显示当前选定的项目。

• 过滤结果按钮　处于按下状态时，只显示 Motion 分析结果项目。

(3) 时间线视图区按钮图标

• 键码　Motion Manager 设计树中相关项目的键码，可以编辑、拖动、复制、粘贴及删除，其中，拖动"装配体"的键码可设定运动算例的仿真时间。

• 时间线　时间线在时间线视图区可任意拖动，拖动时，装配体运动单元会随着时间线的时刻点不同而变化位置。

• 整屏显示全图按钮　单击该按钮，完整显示时间线视图区。

• 放大按钮　单击该按钮，将时间线视图区放大，时间刻度的分度值变小。

• 缩小按钮　单击该按钮，将时间线视图区放小，时间刻度的分度值变大。

4.2.2　添加驱动

驱动是驱使机械设备中原动件运动的动力源，用 SolidWorks 2012 进行 Motion 仿真分析时，创建马达即可为原动件添加驱动。

单击 Motion Manager 工具栏中的“马达”按钮“”，弹出如图 4－40 所示的马达参数设置对话框，有 3 种类型的马达可选。

1. 旋转马达

在图 4－40 所示的【马达类型】栏中单击“旋转马达”按钮“”。在【零部件/方向】栏中，单击按钮“”为马达选择位置，单击按钮“”可改变马达旋转方向，单击按钮“”可设置相对马达位置而运动的零部件。【运动】栏中，可设置马达运动函数，如图 4－41 所示。对于等速马达，单击图标“”可输入马达速度值，单位是 RPM(r/min，转/分)。单击【运动】栏下方的数据图可将设置好的马达数据曲线放大。

2. 线性马达

在图 4－40 所示的【马达类型】栏中单击“线性马达”按钮“”，线性马达实际上是驱动器。【零部件/方向】栏及【运动】栏中，马达的参数设置与旋转马达设置类似，只是马达运动速度的单位是 mm/s。

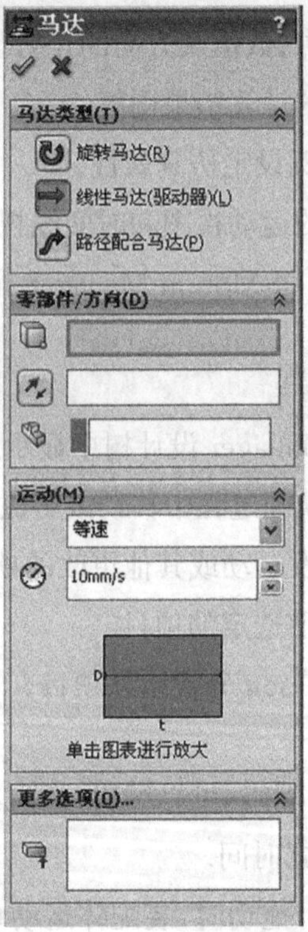

图 4－40　马达参数设置对话框

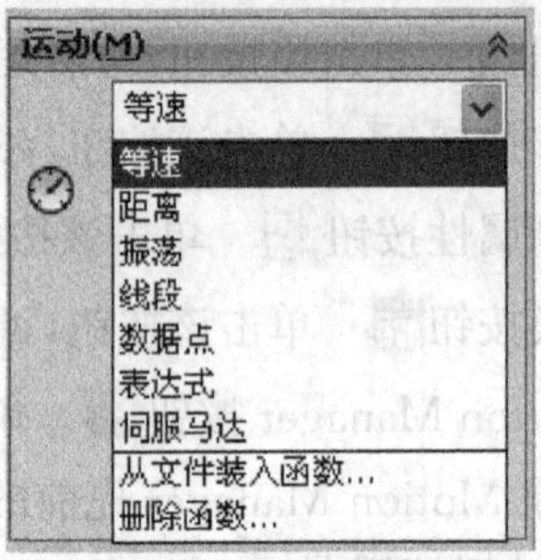

图 4－41　马达运动函数列表

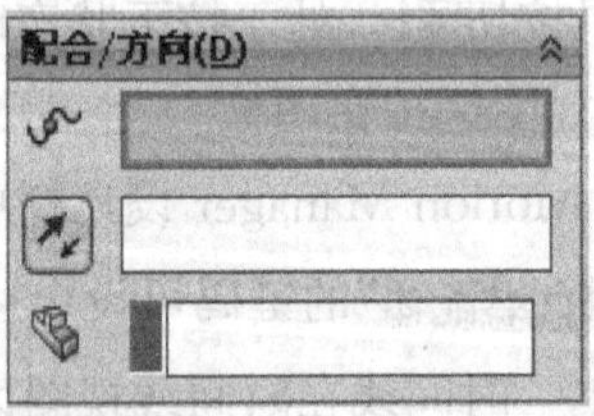

图 4－42　路径配合马达部分参数设置

3. 路径配合马达

首先，装配体的配合中必须有路径配合，否则该类型马达不可用。在图 4－40 所示的【马达类型】栏中单击“路径配合马达”按钮“”，前面两种马达中的【零部件/方向】栏会变为【配合/方向】栏，如图 4－42 所示，单击按钮“”选取一条路径配合，其他参数设置与线性马达设置类似。

4.2.3　添加力

在 SolidWorks 装配体中，力可以是零部件之间的相互作用，也可以是单独添加在某一零件上的外力。单击 Motion Manager 工具栏中的“力”按钮“”，弹出如图 4－43 所示的“力/扭矩”参数设置对话框，有力和力矩两种类型可选。

1. 力

在图 4－43 所示的【类型】栏中单击“力”按钮“”。【方向】栏中，可选择【只有作用力】或者【作用力与反作用力】，前者只需定义“作用零件和作用应用点”，后者还需定义“力反作用位置”。单击按钮“”为力选择所作用的零件及位置。单击按钮“”可改变力的方向。【相对于此的力】选择【装配体原点】，代表所添加力方向的参考系是装配体整体坐标系；选择【所选零部件】，代表所添加力方向的参考系是所选零部件。【力函数】栏中，可设置力的函数，如图 4－44 所示。对于常量力，单击图标“F_1”可输入数值，单位是牛顿。【承载面】栏可设定受力面。

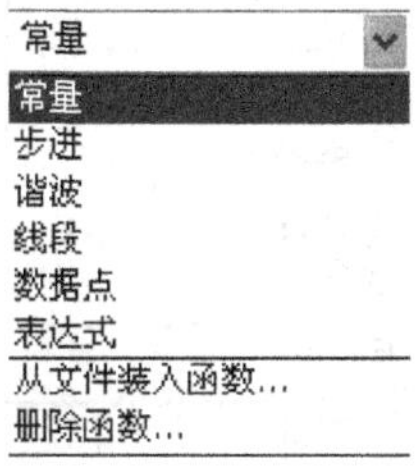

图 4－44　力的函数列表

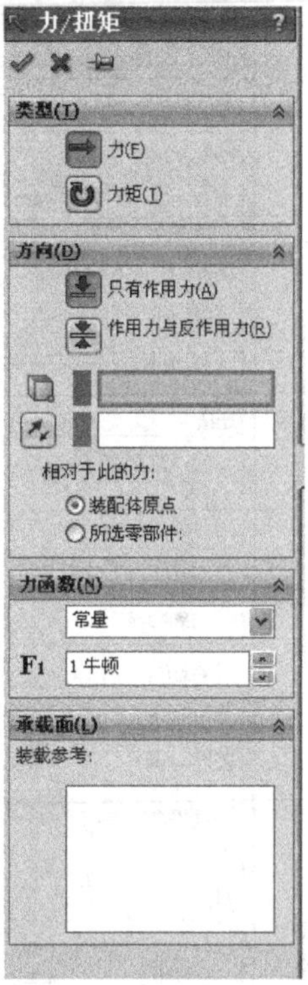

图 4－43　力/扭矩参数设置

2. 力矩

在图 4－43 所示的【类型】栏中单击“力矩”按钮“”，可为所选零部件添加旋转扭矩。对话框中的【方向】栏与【力函数】栏中，力矩的参数设置与力的参数设置类似，只是力矩的函数单位是 N·mm（牛顿·毫米）。

4.2.4　3D 接触与碰撞

3D 接触与碰撞是指实体物件在三维空间中的相互作用，该作用可防止物体在运动过程中彼此穿刺。在 SolidWorks 中，对装配体进行 Motion 运动分析时，如果零部件之间不定义接触，零部件将彼此嵌入，因此，要在运动算例中添加接触。单击 Motion Manager 工具栏中的“接触”按钮“”，弹出的对话框中有两种接触类型可选择，图 4－45 所示的是实体接触参数设置对话框，图 4－46 所示的是曲线接触参数设置对话框。

1. 实体接触

实体接触是物体在三维空间中的接触。在图 4－45 的【接触类型】栏中单击按钮“”。【选择】栏中选择相接触的两个实体零件，如果是多个零部件与相同零件之间的接触，选中【使用接触组】复选框，弹出如图 4－47 所示的实体接触组设置对话框，再选择两组接触零部件即可。若选中【材料】栏的复选框，则相接触的零部件或者接触组的材料只能在材料下拉菜单中选择，下面的摩擦参数会自动设置好。若取消选中的材料，则摩擦参数可手动输入，其中

ν_k 为动摩擦速度，接触物体的相对速度超过该速度后，滑动摩擦力相对之前会变小；μ_k 为动摩擦系数；ν_s 为静摩擦速度，指固定零部件开始移动时，克服静摩擦力的速度；μ_s 为静摩擦系数。在取消选中【弹性属性】栏在去掉【材料】栏后，可设置材料的冲击参数及恢复系数，如图 4-48 所示。需要说明的是，如果零部件在建模时已经定义了材料，在添加接触时仍然需要定义材料属性，否则接触无效。

图 4-45　实体接触参数设置对话框

图 4-46　曲线接触参数设置对话框

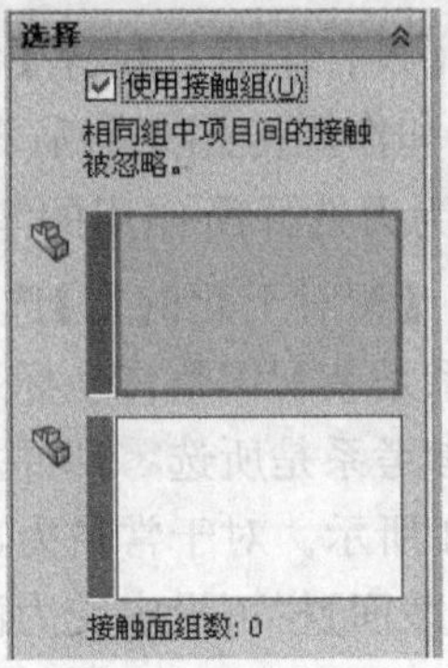

图 4-47　实体接触组设置对话框

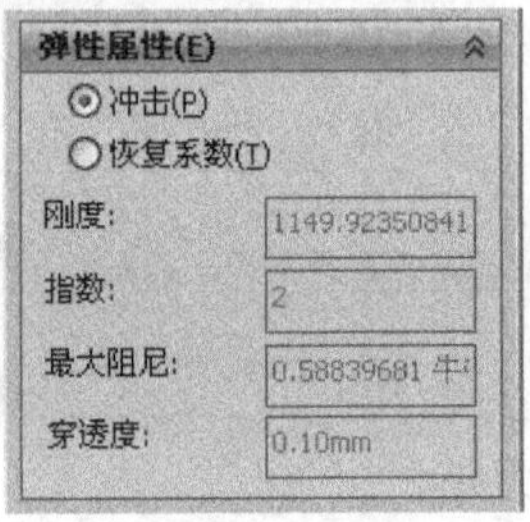

图 4-48　弹性属性设置对话框

图 4-49　曲线选择辅助工具

2. 曲线接触

曲线接触是物体在二维空间中的接触。在图 4-46 所示的【接触类型】栏中单击按钮“ ”。【选择】栏中选择两零件的接触曲线或者边线；单击按钮“ ”可改变接触力的法线方向；单击按钮“SelectionManager”，弹出如图 4-49 所示的曲线选择辅助工具；如果接触需要沿着曲线连续，则选中【曲线始终接触】复选框，取消选中则间歇接触。其他参数设置与实体接触参数设置类似。

4.2.5　结果和图解

在 SolidWorks 中，可以创建多种结果曲线，以帮助设计分析者查看相关数据，但必须是在仿真计算完成后，才能添加结果和图解。

单击 Motion Manager 工具栏中的“结果和图解”按钮“”，弹出如图 4-50(a)所示的结果参数设置对话框，首先在【选取类别】框中定义所测结果类别，可定义的类别如图 4-50(b)所示；选取类别后【子类别】选择框会被激活，选取相应的子类别后，结果【分量】选择框会被激活；在选择栏“”右侧选取被测特征，激活选择栏“”，可定义所测结果坐标的参考系，若不定义参考系，系统会默认装配体整体坐标为所测结果的参考系。

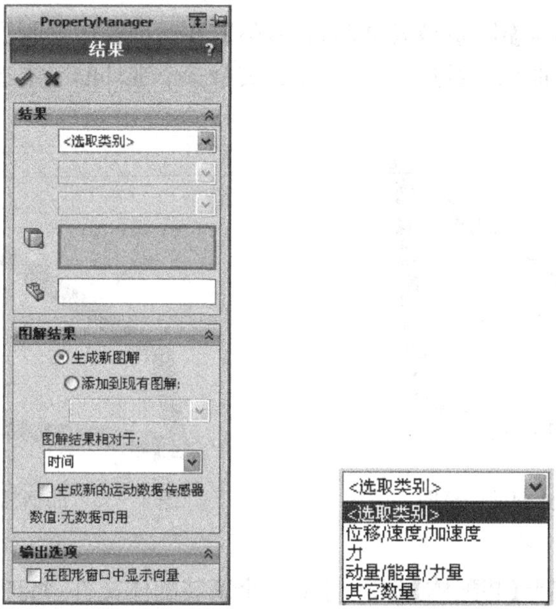

(a)　　　　(b)

图 4-50　结果参数设置对话框

要创建新的结果图解，在【图解结果】栏中，选择【生成新图解】，在【图解结果相对于】中定义所测结果的自变量，可以是时间、帧及新结果；若要在已有结果图解中添加数据曲线，则选择【添加到现有图解】，再选择已有的需添加曲线的图解即可。

4.3　常用机构的运动仿真实例

4.3.1　曲柄摇杆机构的运动仿真

1. 工作原理与机构尺寸

曲柄摇杆机构的工作原理如图 4-51 所示，原动件曲柄 AB 匀速转动，通过连杆 BC 带动摇杆 CD 往复摆动，要求确定摇杆任意时刻的角位置、角速度和角加速度。

机构尺寸为：曲柄长 AB=50 mm，连杆长 BC=200 mm，摇杆长 CD=150 mm，机架长 AD=150 mm。

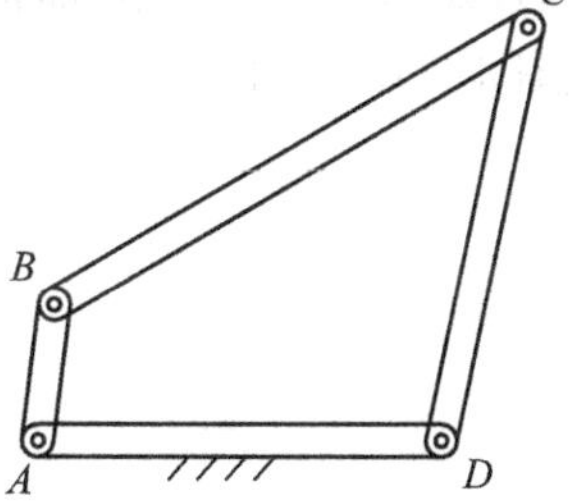

图 4-51　曲柄摇杆机构简图

2. 零件造型与装配

曲柄摇杆机构中四个零件只是长度不同，其他特性均相同，以曲柄为例，其草图如 4－52 所示。

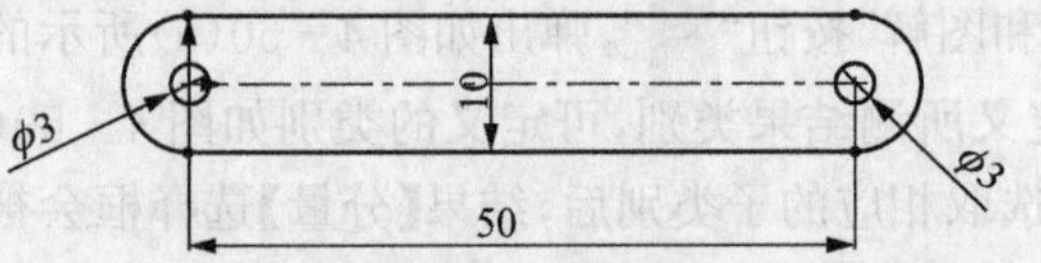

图 4－52　曲柄草图

图 4－53　曲柄三维造型

完成草图后，在【特征】中选择【拉伸凸台/基体】，在对话框中选择【给定深度】5 mm，确定后即可获得图 4－53 的曲柄三维造型，依次完成其余三个零件的三维造型。

3. 机构装配

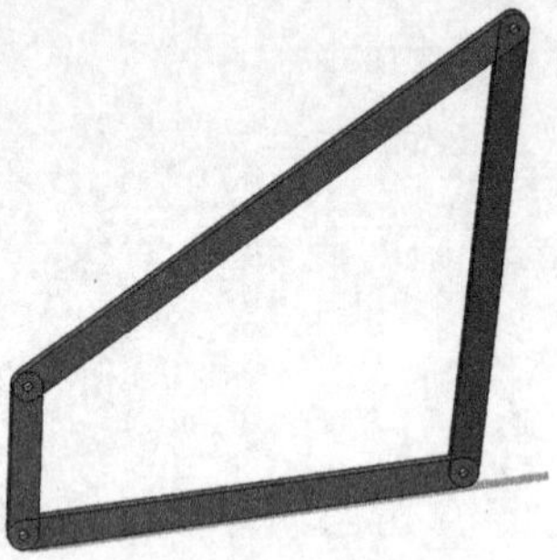
图 4－54　曲柄摇杆草图

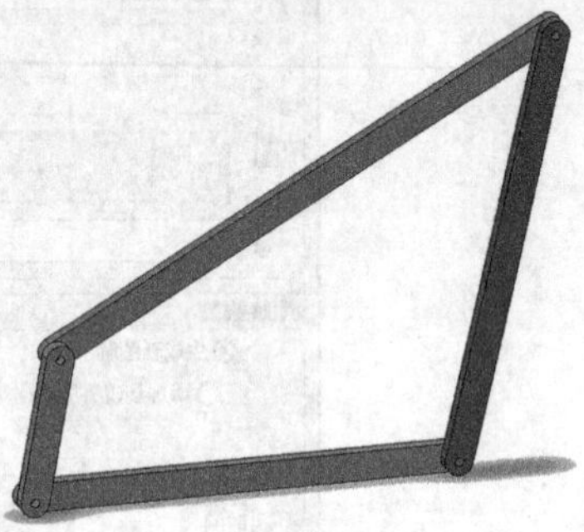
图 4－55　曲柄摇杆三维造型

选择【文件】/【新建】/【装配体】命令，建立一个新装配体文件，将四个零件都添加进来，右击将机架设为固定零部件，按机构原理，依次添加铰链处的同轴心配合和正面的重合配合，如图 4－54 所示。

也可将重合配合采用如图 4－55 所示形式，由于各零件之间的运动为平面运动，对运动分析结果没有影响。

4. 运动仿真

在装配体界面，将“SolidWorks Motion”插件载入，单击布局选项卡中的【运动算例 1】，在 Motion Manager 工具栏中的【算例类型】下拉列表中选择“Motion 分析”。

(1) 添加马达

单击 Motion Manager 工具栏中的“马达”按钮“”，为曲柄添加一逆时针等速旋转马达，如图 4－56 所示，曲柄转速 $n=120$ r/min，马达位置为曲柄与机架组成的转动副中心，如图 4－57 所示。

图 4-56　曲柄马达参数设置

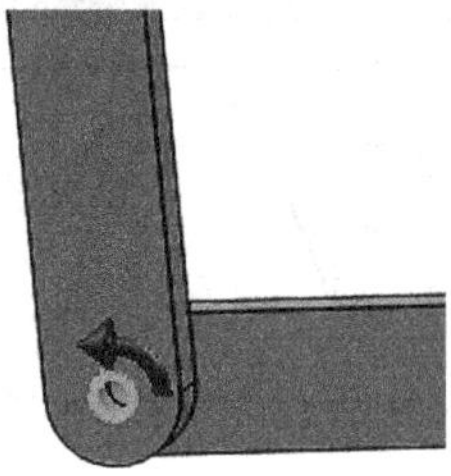

图 4-57　曲柄马达位置

(2) 仿真参数设置

在 Motion Manager 界面中将时间的长度设到 2s,单击工具栏上的“运动算例属性”按钮“”,在弹出的属性管理器中的【Motion 分析】栏内将每秒帧数设为 100,其余参数为默认设置,如图 4-58 所示,单击“确定”按钮,完成仿真参数的设置。

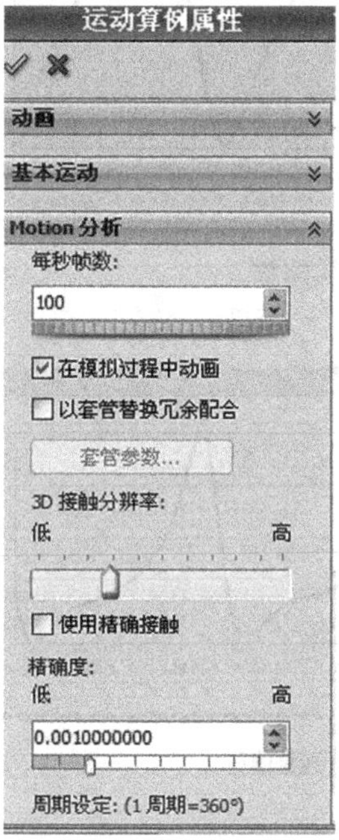

图 4-58　曲柄马达位置参数设置

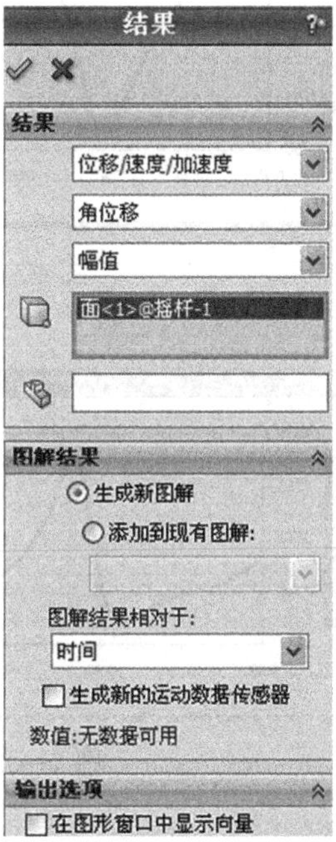

图 4-59　摇杆角位移参数设置

(3) 仿真分析

单击 Motion Manager 工具栏上的“计算”按钮“ ”,进行仿真求解,在求解过程中可以看到曲柄摇杆机构的运动情况,在 2s 的时间内曲柄逆时针旋转了四圈,仿真计算完毕后,单击工具栏上的“结果和图解”按钮“ ”,在弹出的属性管理器中进行如图 4-59 的参数设置,其中“ ”显示栏的面为摇杆上的任意一个面,输出即为此面的运动参数。单击“确定”按钮,生成摇杆角位移曲线图解,如图 4-60 所示。

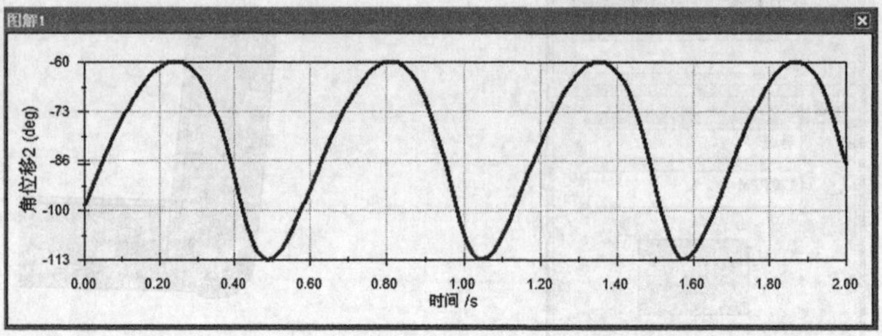

图 4-60　摇杆角位移曲线图解

同理,在图 4-59 中的前两个下拉列表框第二栏中,分别选择“角速度”和“角加速度”,在第 3 个下拉列表框中“选择结果分量”中,选择“Z 分量”,分别得到摇杆的角速度和角加速度曲线图解,如图 4-61 和 4-62 所示。

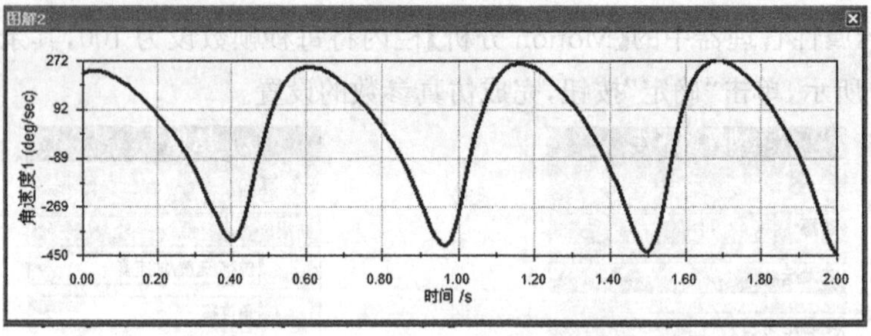

图 4-61　摇杆角速度曲线图解

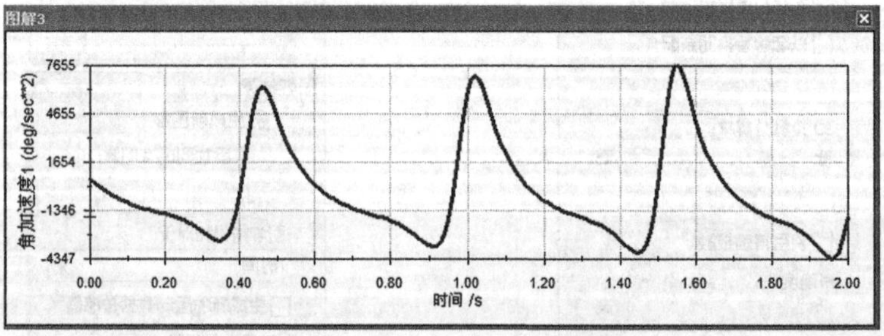

图 4-62　摇杆角加速度曲线图解

设置不同的参数,观察输出的结果,分析它们之间的相互关系。

4.3.2　连杆曲线的仿真分析

在曲柄摇杆机构中，连杆上某一点的运动轨迹称为连杆曲线，由于连杆曲线变化多样，可以满足一些特殊条件下的运动要求，所以研究连杆曲线具有重要意义。

1. 零件尺寸、造型与装配

曲柄摇杆机构的尺寸如图 4-63 所示，与图 4-51 所示机构的不同之处是，在连杆上向外延伸了一点 E，用于连杆曲线的仿真。机构的造型和装配如图 4-64 所示。

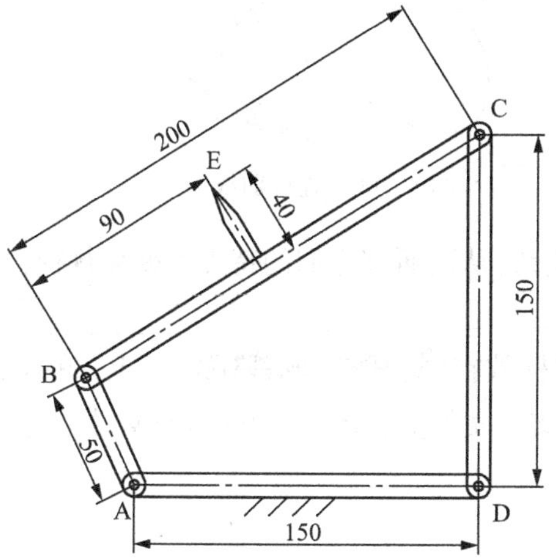

图 4-63　曲柄摇杆机构草图

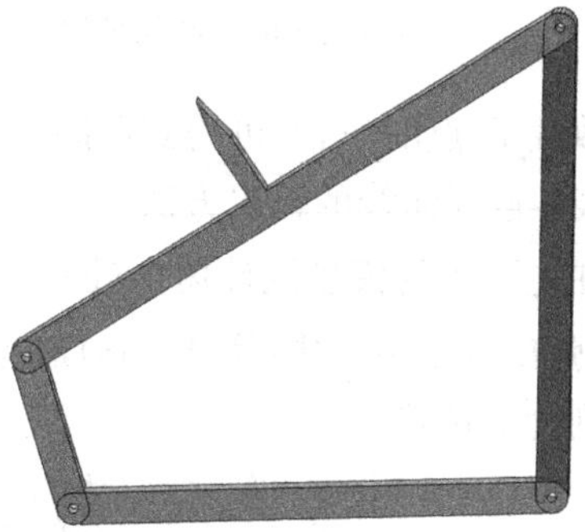

图 4-64　曲柄摇杆机构三维造型

2. 连杆曲线的运动仿真

在装配体界面，将“SolidWorks Motion”插件载入，单击布局选项卡中的【运动算例 1】，在 Motion Manager 工具栏中的【算例类型】下拉列表中选择“Motion 分析”。

(1) 添加马达

单击 Motion Manager 工具栏中的“马达”按钮“”，为曲柄添加一逆时针等速旋转马达，如图 4-56 所示，曲柄转速 $n=120\text{r/min}$，马达位置为曲柄与机架组成的转动副中心，过程如前述图 4-57 所示。

(2) 仿真参数设置

在 Motion Manager 界面中将时间的长度设到 2s，单击工具栏上的“运动算例属性”按钮“”，在弹出的属性管理器中的【Motion 分析】栏内将每秒帧数设为 100，其余参数为默认设置，如图 4-58 所示，单击“确定”按钮，完成仿真参数的设置。

仿真参数设置影响计算精度，可通过调整不同参数来比较仿真效果。

(3) 仿真分析

单击 Motion Manager 工具栏上的“计算”按钮“”，进行仿真求解，在求解过程中可以看到曲柄摇杆机构的运动情况，在 2s 的时间内曲柄逆时针旋转了四圈，仿真计算完毕。

(4) 连杆曲线的生成

单击工具栏上的“结果和图解”按钮“”，在弹出的属性管理器中进行如图 4-65 所示的参数设置，注意第二栏中选择“跟踪路径”，“”右侧显示栏中选择连杆上的 E 点，输出即为此点的运动曲线。单击“确定”按钮，生成连杆曲线，如图 4-66 所示。

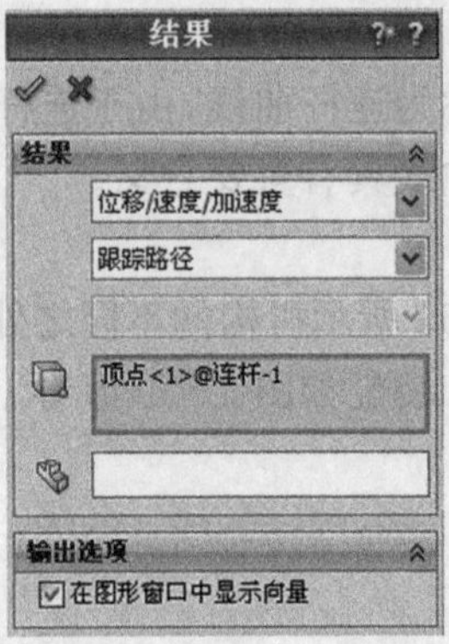

图 4-65 凸轮理论廓线坐标

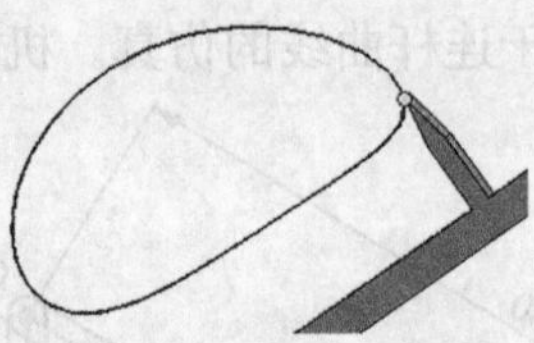
图 4-66 连杆曲线

改变 E 点的位置，可得到不同形状的连杆曲线，从而研究它们的特点和变化规律。

(5) 连杆曲线的输出方法

在左下角的模型设计树中(图 4-67)，将鼠标放在"图解1〈跟踪路径1〉"上，单击鼠标右键，在弹出的菜单栏中(图 4-68)选择【输出到 CSV 文件】，在图 4-69 中，对文件进行命名并保存到合适位置。

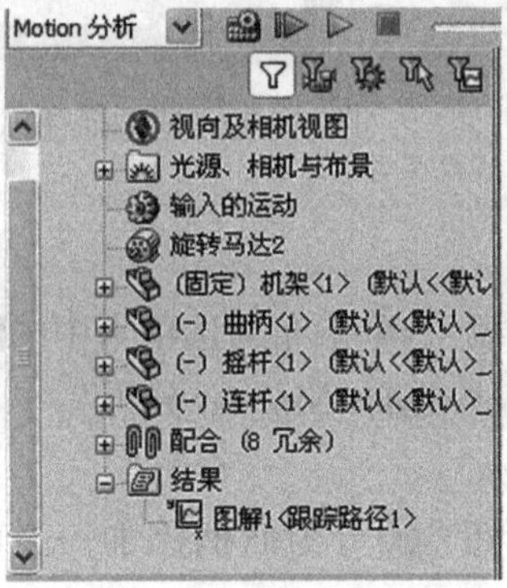

图 4-67 模型设计树

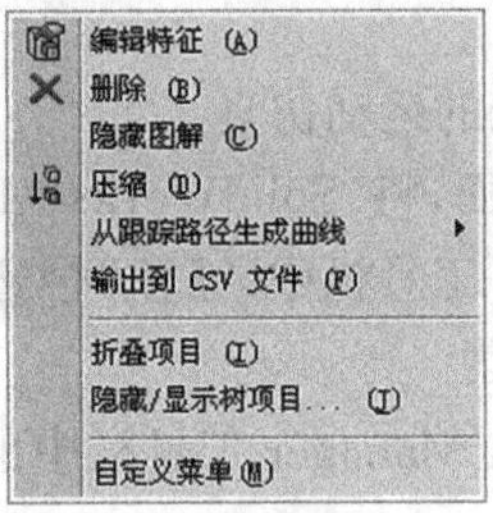

图 4-68 [图解 1]菜单

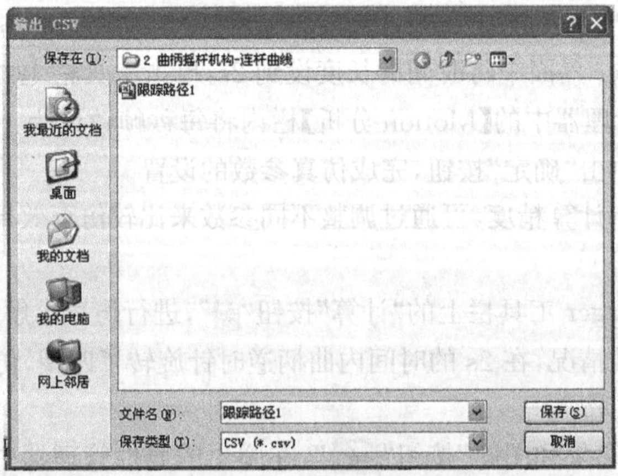

图 4-69 连杆曲线命名并保存

(6) 查看连杆曲线的坐标值

找到“跟踪路径 1”文件的保存位置，双击该文件，即可在 Excel 中打开，由此可以查看边杆曲线的各点坐标值，由于是平面曲线，故 Z 坐标为常值。用 Excel 的作图功能，可以得到由坐标点生成的连杆曲线，如图 4－70 所示。

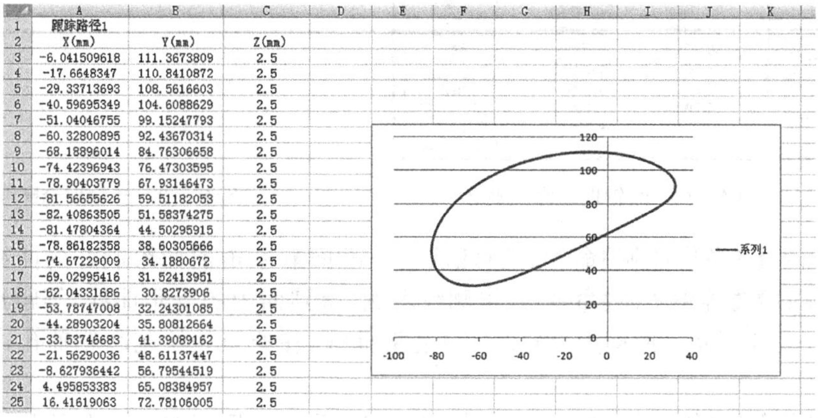

	A	B	C
1	跟踪路径1		
2	X(mm)	Y(mm)	Z(mm)
3	-6.041509618	111.3673809	2.5
4	-17.6648347	110.8410872	2.5
5	-29.33713693	108.5616603	2.5
6	-40.59695349	104.6088629	2.5
7	-51.04046755	99.15247793	2.5
8	-60.32800895	92.43670314	2.5
9	-68.18896014	84.76306658	2.5
10	-74.42396943	76.47303595	2.5
11	-78.90403779	67.93146473	2.5
12	-81.56655626	59.51182053	2.5
13	-82.40863505	51.58374275	2.5
14	-81.47804364	44.50295915	2.5
15	-78.86182358	38.60305666	2.5
16	-74.67229009	34.1880672	2.5
17	-69.02995416	31.52413951	2.5
18	-62.04331686	30.8273906	2.5
19	-53.78747008	32.24301085	2.5
20	-44.28903204	35.80812664	2.5
21	-33.53746683	41.39089162	2.5
22	-21.56290036	48.61137447	2.5
23	-8.627936442	56.79544519	2.5
24	4.495853383	65.08384957	2.5
25	16.41619063	72.78106005	2.5

图 4－70　应用 Excel 得到的连杆曲线

4.3.3　凸轮机构的运动仿真

1. 工作原理

偏心直动从动件盘形凸轮机构简图如图 4－71 所示，原动件凸轮逆时针匀速转动，带动滚子和推杆运动，输出运动为推杆上下移动，要求确定推杆任意时刻的位置、速度和加速度。

初始条件：凸轮基圆半径 $R=50$ mm，滚子半径 $r=10$ mm。凸轮转速 $n=60$ r/min。推程：摆线运动。回程：345 次多项式运动。偏心距 $e=10$ mm。

2. 零件造型

(1) 凸轮理论廓线坐标文件的获得方法

凸轮的理论廓线是由基圆半径和从动件运动规律来共同确定的，由此可求得理论廓线的计算方程，按一定的间隔，计算出的凸轮理论轮廓曲线 x, y, z 坐标值，输入到文本文件中，对于平面凸轮，$z=0$，保存文件名为“凸轮理论廓线坐标. txt”。

(2) 凸轮零件造型

启动 SolidWorks 2012，选择【文件】/【新建】/【零件】命令，创建一个新零件文件。选择【插入】/【曲线】/【通过 XYZ 点的曲线】命令，在出现的对话框中单击“浏览…”，

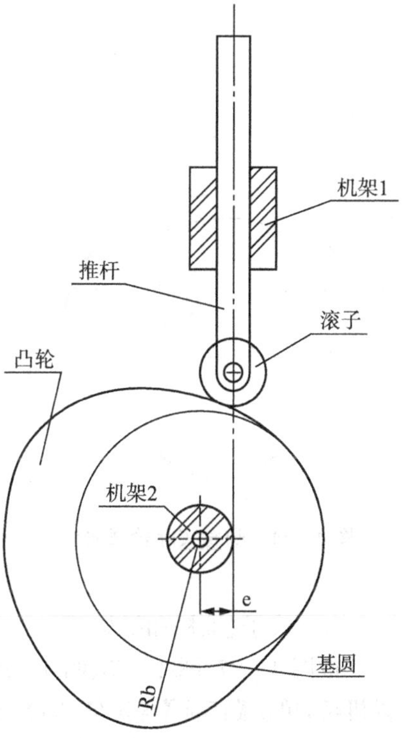

图 4－71　凸轮机构简图

在【文件类型】中选择 Text Files 类型文件，浏览到“凸轮理论廓线坐标. txt”文本文件，单击“打开”，坐标数据将显示在“曲线文件”表中，如图 4－72 所示。单击“确定”，将凸轮理论廓线

用样条曲线绘制出来,如图 4－73 所示。

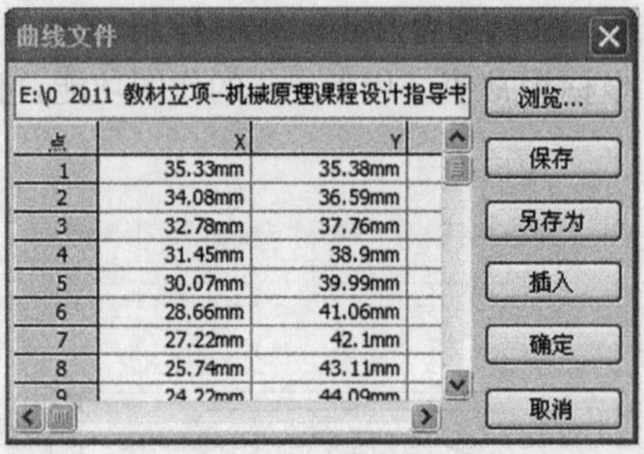

图 4－72　凸轮理论廓线坐标

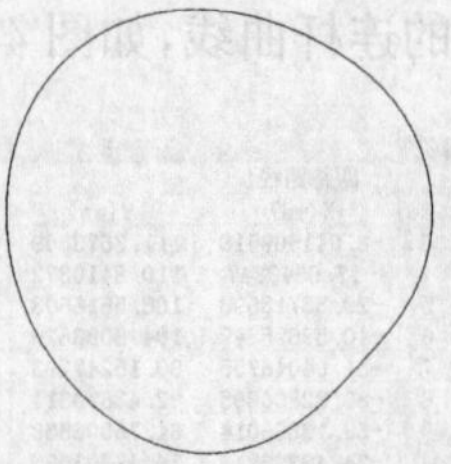

图 4－73　凸轮理论廓线

选择【插入】/【草图绘制】命令,选择【前视基准面】,单击前面绘制好的曲线,选择【工具】/【草图工具】/【等距实体】命令,点击廓线内侧,得到向内的等距曲线,等距尺寸为滚子半径,如图 4－74 所示。此即为凸轮的实际轮廓曲线,在原点处绘制凸轮轴孔,如图 4－74 所示。

单击【特征】/【拉伸凸台/基体】命令,如图 4－75 所示,以距离 10 mm 拉伸凸轮,得到凸轮的三维实体,如图 4－76 所示。以文件名"凸轮"保存。

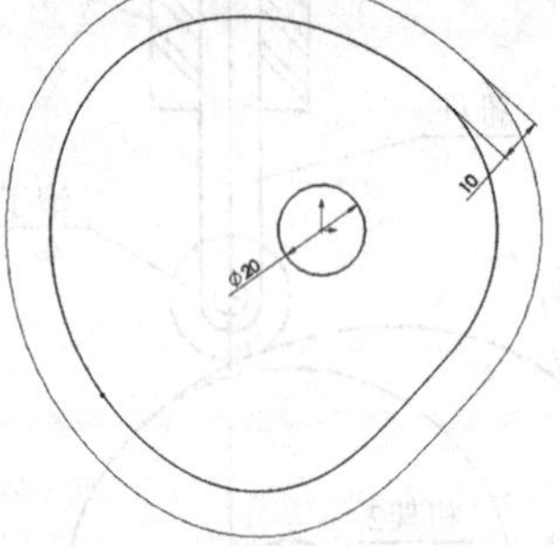

图 4－74　凸轮实际轮廓曲线

图 4－75　凸轮拉伸菜单

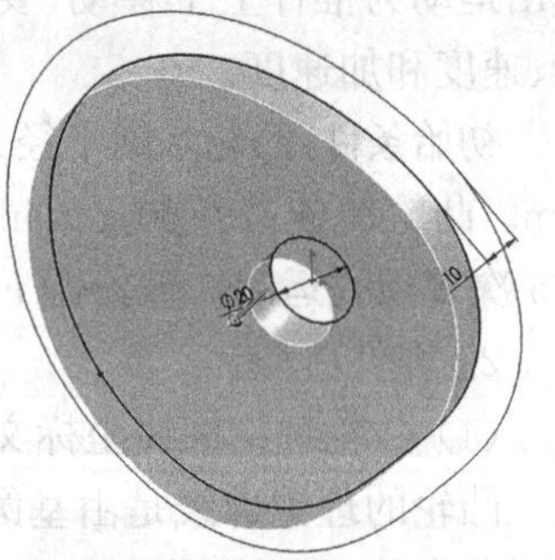

图 4－76　凸轮三维实体

(3) 滚子、推杆和机架

按图 4－77、图 4－78、图 4－79 分别绘制滚子、推杆和机架的草图,注意要在两处位置设置机架,单击【特征】/【拉伸凸台/基体】命令,以距离 10 mm 拉伸,得到零件滚子、推杆和机架,分别以文件名"滚子"、"推杆"和"机架"保存。

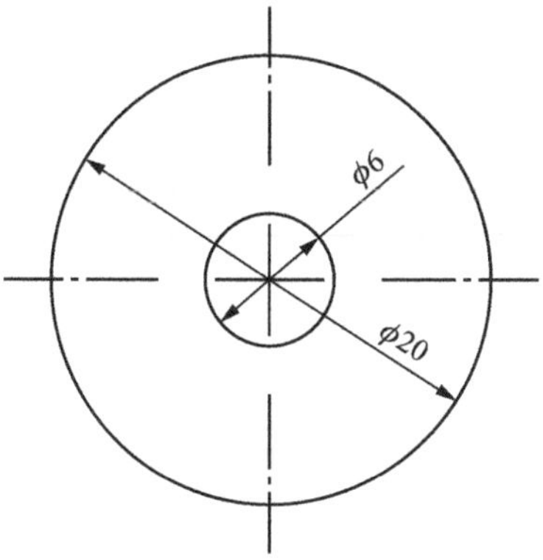

图4-77 滚子草图

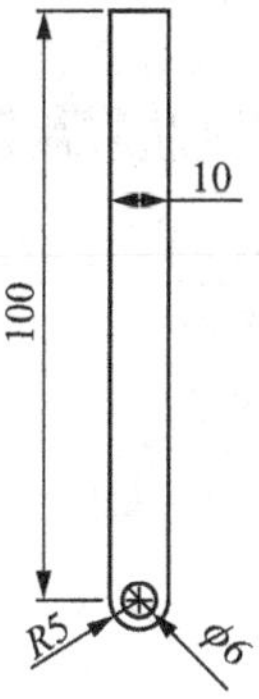

图4-78 推杆草图

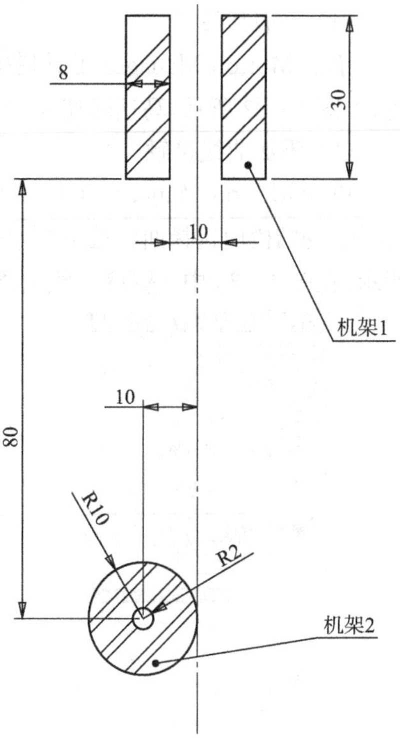

图4-79 机架草图

3. 装配

选择【文件】/【新建】/【装配体】命令，建立一个新装配体文件。将机架、推杆和滚子添加进来，将机架设为固定零部件，将各正面设置为“重合”，推杆外侧面与机架1内侧面设置为“重合”，凸轮轴孔与机架2设置为“同轴心”，如图4-80所示。

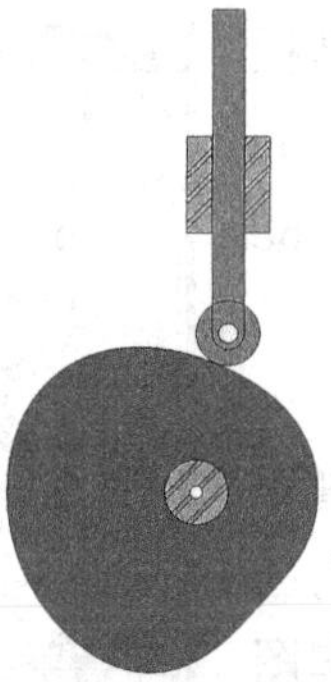

图4-80 凸轮机构装配图

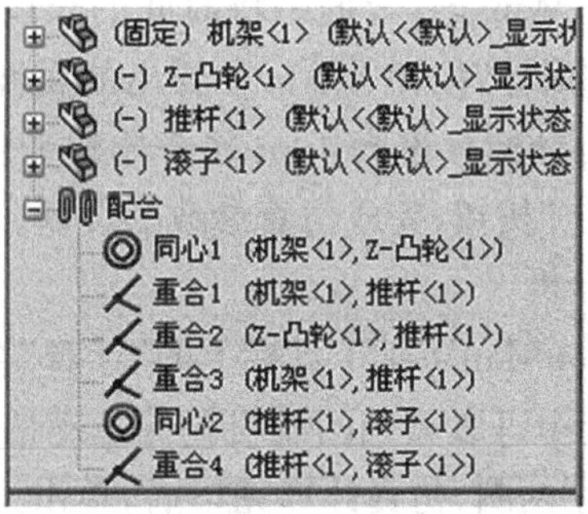

图4-81 装配体中的配合关系

装配完毕后，所有配合关系如图4-81所示，以文件名“凸轮机构装配体”保存该文件。

4. 仿真分析

在装配体界面，将“SolidWorks Motion”插件载入，单击布局选项卡中的【运动算例1】，在Motion Manager 工具栏中的【算例类型】下拉列表中选择“Motion 分析”。

(1) 添加马达

单击 Motion Manager 工具栏中的“马达”按钮“”，为凸轮添加一个逆时针等速旋转马达，如图 4-82 所示，马达转速 $n=60$ r/min，马达位置为凸轮轴孔处。

(2) 添加曲线接触

单击 Motion Manager 工具栏上的“接触”按钮，如图 4-83 所示，在弹出的属性管理器中【接触类型】栏内选择曲线接触“曲线(C)”，【选择】栏内分别选取凸轮和滚子的边线，如图 4-84 所示，在图 4-83 中，选择【曲线始终接触】复选框，其余参数为默认设置，单击“确定”按钮。

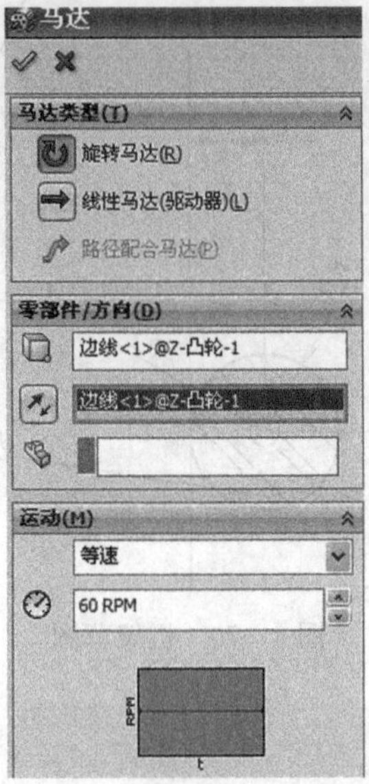

图 4-82 添加马达

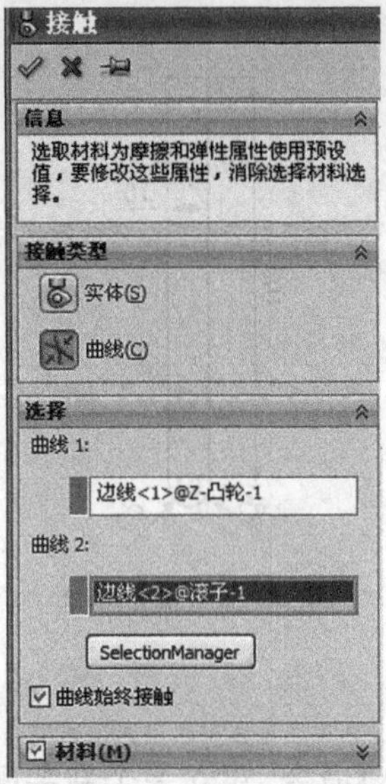

图 4-83 【接触】方式对话框

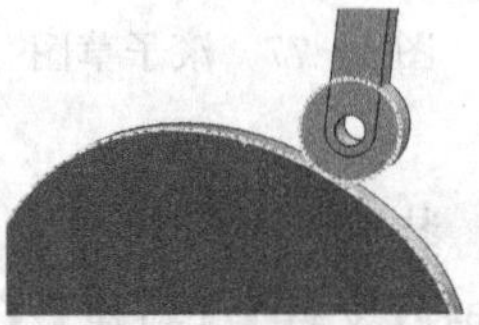

图 4-84 凸轮和滚子边线

(3) 仿真参数设置

在 Motion Manager 界面中将时间的长度设到 2s，单击工具栏上的“运动算例属性”按钮“”，在弹出的属性管理器中的【Motion 分析】栏内将每秒帧数设为 100，其余参数为默认设置，如图 4-58 所示，单击“确定”按钮，完成仿真参数的设置。

(4) 仿真分析

单击 MotionManager 工具栏上的“计算”按钮“”，进行仿真求解，在求解过程中可以看到凸轮机构的运动情况，在 2s 的时间内凸轮逆时针旋转了两圈，仿真计算完毕后，单击工具栏上的“结果和图解”按钮“”，在弹出的属性管理器中进行如图 4-85 的参数设置，其中“”显示栏的面为推杆上的任意一个面，输出即为此面的运动参数。单击“确定”按钮，生成推杆的位移图解，如图 4-86 所示。

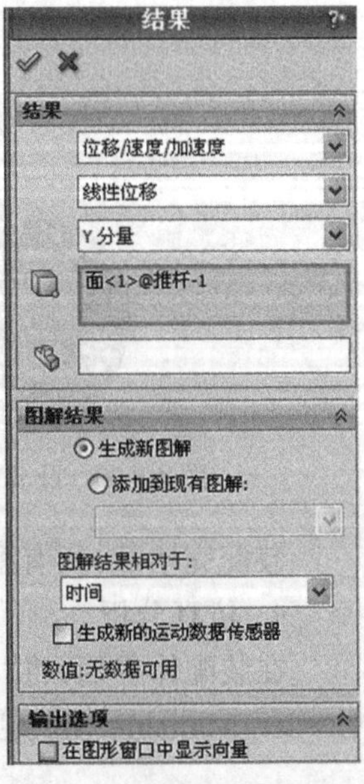

图 4-85 【结果】属性管理器

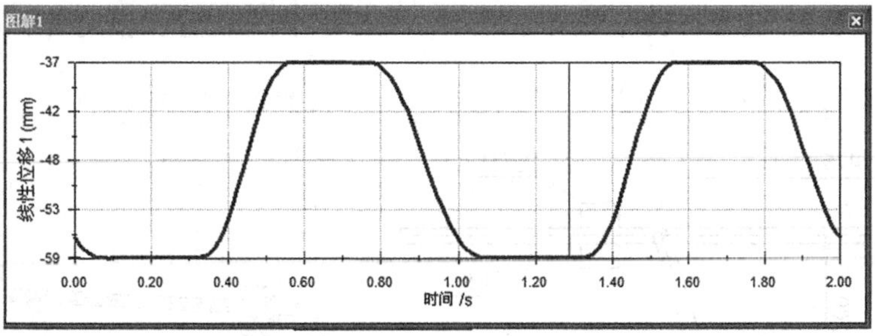

图 4－86　推杆位移曲线图解

同理，在图 4－85 中的前两个下拉列表框第二栏中，分别选择“速度”和“加速度”，即可分别得到推杆的速度和加速度曲线图解，如图 4－87 和 4－88 所示。

设置不同的参数，观察输出的结果，分析它们之间的变化规律。

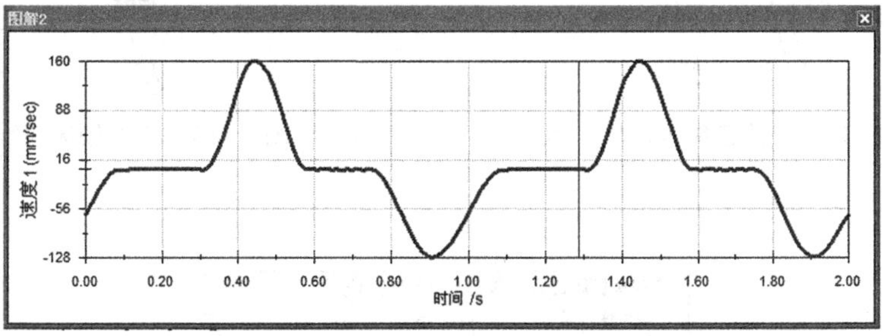

图 4－87　推杆速度曲线图解

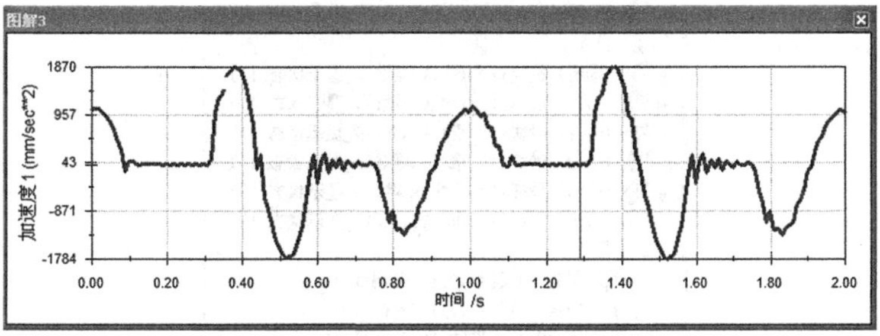

图 4－88　推杆加速度曲线图解

4.3.4　牛头刨床机构的运动仿真

1. 牛头刨床的工作原理

牛头刨床是一种用于进行平面切削加工的机床，其机构运动简图如图 4－89 所示，设曲柄 1 逆时针转动，通过滑块 2 带动导杆 4 摆动，从而实现刨头 5 做往复直线运动，当刨头 5 向左运动时为工作行程，速度较慢，向右运动时为返回行程，速度较快，从而具有急回运动特性。

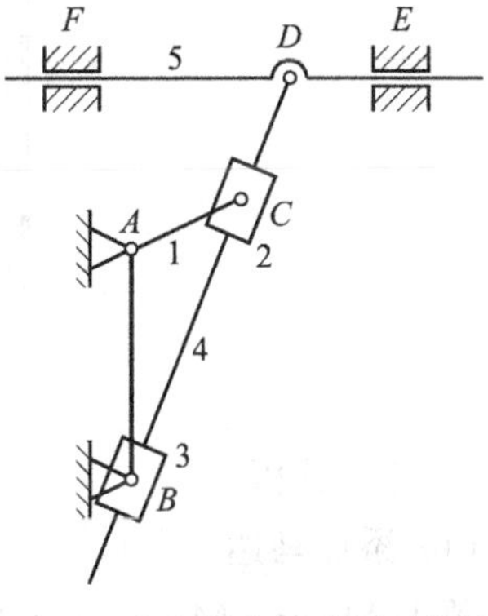

图 4－89　牛头刨床机构运动简图

1—曲柄；2—滑块；3—支座；4—导杆；5—刨头

2. 机构的设计、造型与装配

根据牛头刨床的工作要求，确定各构件的尺寸，并进行三维造型和装配，注意在设计机架时，有 A、B、E、F 四个位置。相关结果见图 4-90～图 4-92。

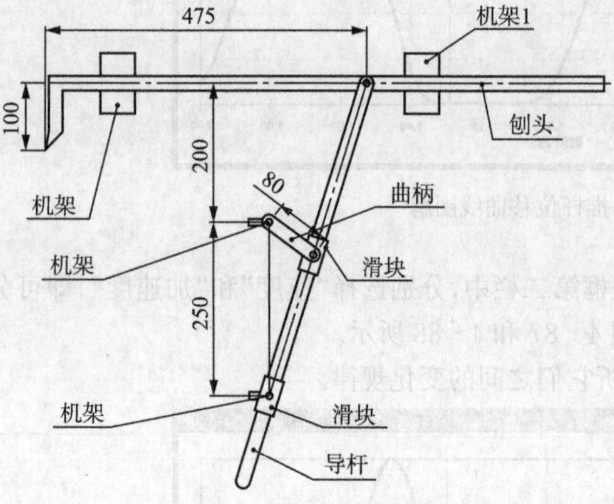

图 4-90　牛头刨床机构尺寸图

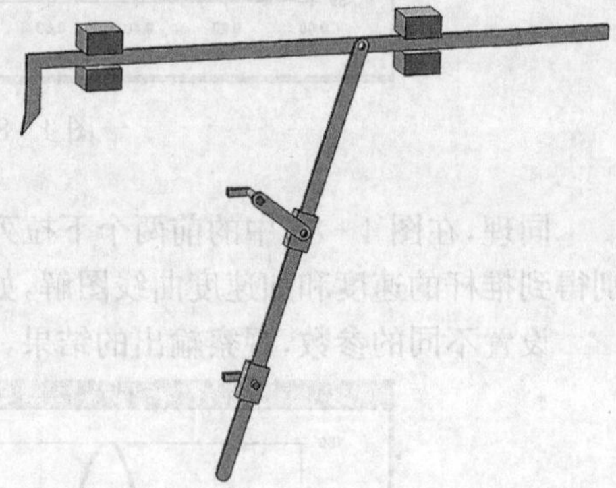

图 4-91　牛头刨床三维造型及装配

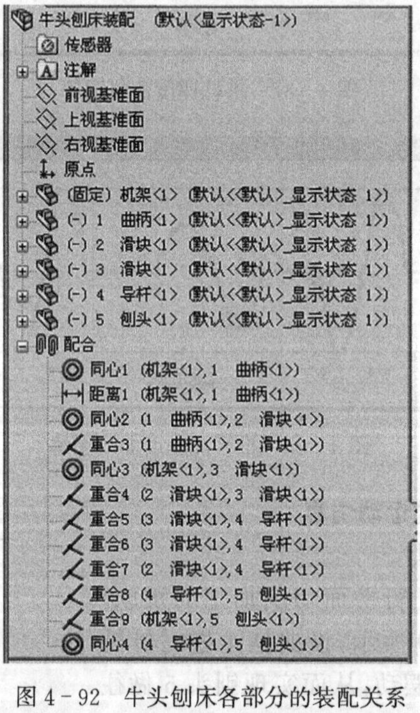

图 4-92　牛头刨床各部分的装配关系

3. 仿真分析

(1) 添加马达

单击 Motion Manager 工具栏中的“马达”按钮“ ”，为曲柄添加一逆时针等速旋转马

指定位置,然后向外、向上回退。向下送引线的位移为8～15 mm,可在该范围中自行确定。

(3) 切引机构、送料机构可考虑采用凸轮机构或组合机构实现。

5.3 平压印刷机的设计

1. 工作原理

平压印刷机是印刷行业广泛使用的一种脚踏、电动两用简易印刷机,如图5-3所示,适用于印刷各种8开以下的印刷品。它们实现的动作如下。

(1) 印头(O_2B_i)往复摆动。其中O_2B_1是压印位置,即此时印头上的纸与固定的铅字版压紧接触;而O_2B_2是取走印好的纸和放置新纸的位置。

(2) 油辊上下滚动。在印头位置O_2B_1运动至位置O_2B_2的过程中,油辊从位置E_1经油盘和铅字版向位置E_2运动,同时绕自身的轴线转动。油辊滚过油盘使油辊表面的油墨涂布均匀,滚过固定铅字版给铅字上油墨。压印头返回时,油辊从位置E_2回到位置E_1。油辊摆杆O_1E_2是一个长度可伸缩的构件。

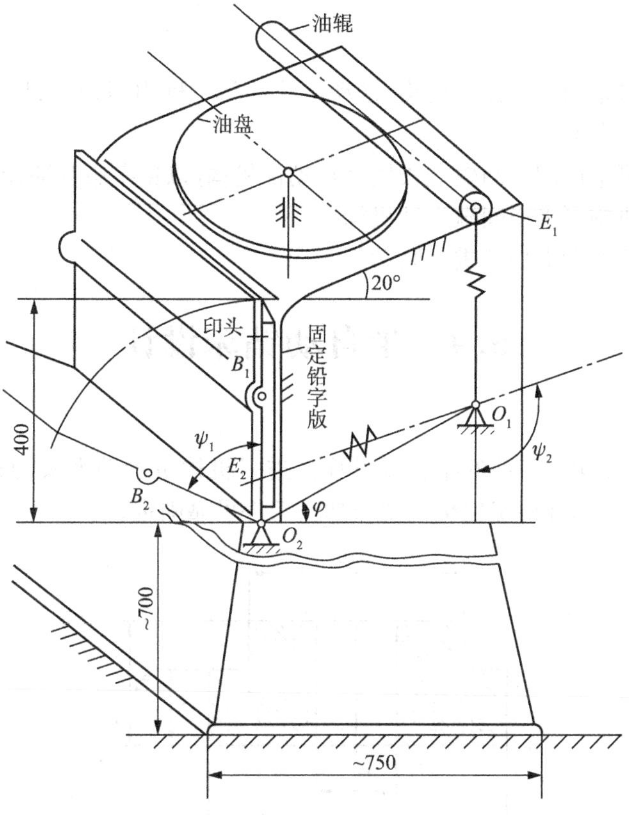

图5-3 平压印刷机工作示意图

(3) 油盘转动。为使油辊上的油墨均匀,不仅应将油辊在油盘上滚过,而且应在油辊经过油盘往下运动时,油盘做一次小于180°并大于60°的间歇转动,使油盘上存留的油墨也比较均匀。

上述三个运动和手工加纸、取纸动作应协调配合，则完成一次印刷工作。

2. 设计要求与设计参数

(1) 实现印头、油辊、油盘运动的机构由一个电动机带动，电动机放在机架的左侧或底部，可自行决定。

(2) 印头摆角为 ϕ_1，且要求印头返回行程和工作行程的平均速度之比(行程速度变化系数)为 K_1。

(3) 油辊自铅垂位置 O_1E_1 运动至位置 O_1E_2 的摆角为 ϕ_2。

(4) 油盘直径为 400 mm，油辊的初始位置就在油盘边缘。

(5) 要求机构的传动性能良好，结构紧凑，易于制造。

设计参数如表 5-3 所示。

表 5-3 设计参数

设计参数	印刷能力/(次/时)	电机转速/(r/min)	ϕ_1/(°)	K_1	ϕ_2/(°)
方案 A	1 000	1 450	60	1.1	90
方案 B	700	960	80	1.2	110

3. 设计方案提示

(1) 印头机构可采用曲柄摇杆机构、摆动从动件凸轮机构等，要求具有急回特性，并在印刷的极限位置有短暂停歇。

(2) 油辊机构可采用固定凸轮变长摆动从动件机构(以铅字版及油盘面作为凸轮形状)。

(3) 油盘运动机构可采用间歇运动机构。

(4) 这三个机构要考虑如何进行联动。

5.4 半自动钻床设计

1. 设计题目

设计加工图 5-4 所示工件的半自动钻床。进刀机构负责动力头的升降，送料机构将被加工工件推入加工位置，并由定位机构使被加工工件可靠固定。

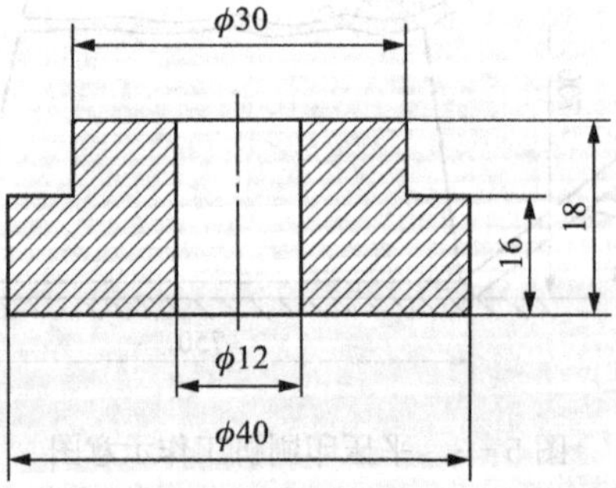

图 5-4 加工工件

2. 设计数据

半自动钻床设计数据参看表 5-4。

表 5－4　设计参数

设计参数	进料机构工作行程/mm	定位机构工作行程/mm	动力头工作行程/mm	电机转速(r/mm)	生产效率/(件/分)
方案 A	40	30	15	1 450	1
方案 B	35	25	20	1 400	2
方案 C	30	20	10	960	1

3. 设计方案提示

(1) 钻头由动力头驱动，设计者只需考虑动力头的进刀(升降)运动。

(2) 除动力头升降机构外，还需要设计送料机构、定位机构。确定各机构运动循环要求。

(3) 半自动钻床至少包括凸轮机构、齿轮机构在内的三种机构。

(4) 可采用凸轮轴分配协调各机构运动。

5.5　包装机推包机构运动方案设计

1. 设计题目

现需要设计某一包装机的推包机构，要求待包装的工件 1(图 5－5)先由输送带送到推包机构的推头 2 的前方，然后由该推头 2 将工件由 a 处推至 b 处(包装工作台)，再进行包装。为了提高生产效率，希望在推头 2 结束回程(由 b 至 a)时，下一个工件已送到推头 2 的前方。这样推头 2 就可以马上再开始推送工作。这就要求推头 2 在回程时先退出包装工作台，然后再低头，即从台面的下面回程。因而就要求推头 2 按图 5－5 所示的 $abcdea$ 线路运动。即实现“平推—水平退回—下降—降位退回—上升复位”的运动。

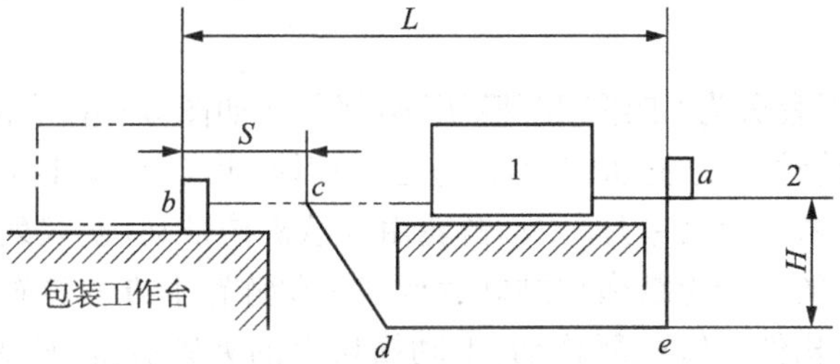

图 5－5　推包机构执行构件运动要求

2. 设计要求与设计参数

推包机由电动机推动。在推头回程中，除要求推头低位退回外，还要求其回程速度高于工作行程的速度，以便缩短空回程的时间，提高工作效率。“$cdea$”部分的线路形状不作严格要求。相关设计参数如表 5－5 所示。

表 5－5　设计参数

设计参数	生产效率/(工件/分)	L/mm	S/mm	H/mm	行程速比系数 K
方案 A	10	100	25	30	1.2～1.5
方案 B	6	300	50	60	1.2～1.5

5.6 半自动平压模切机的机构设计

1. 设计题目

半自动平压模切机是印刷、包装行业压制纸盒、纸箱等纸制品的专用设备。该机可对各种规格的白纸板、厚度在 4 mm 以下的瓦楞纸板，以及各种高级精细的印刷品进行压痕、切线、压凹凸。经过压痕、切线的纸板，用手工或机械沿切线处去掉切料后，沿着压出的压痕可折叠成各种纸盒、纸箱，或制成凹凸的商标。

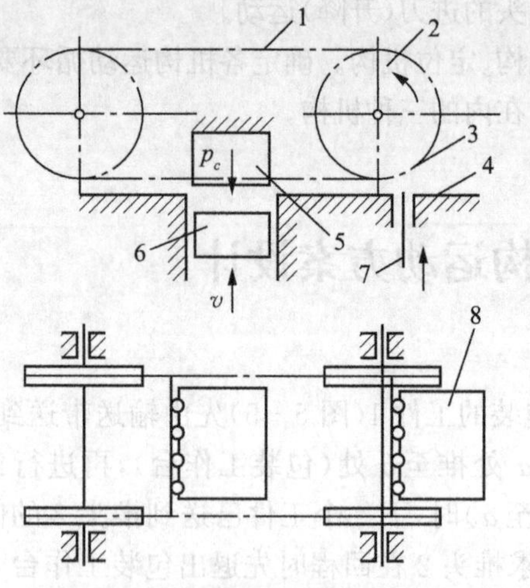

图 5-6 平压模切机动作示意图

1—传动链；2—主动链轮；3—走纸横块；4—工作台面；
5—上模；6—下模；7—执行构件；8—纸板

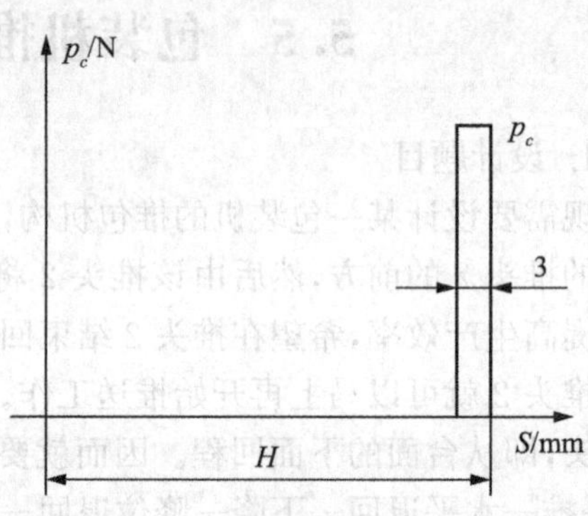

图 5-7 模切机生产阻力曲线

压制纸板的工艺过程分为“走纸”和“模切”两部分。如图 5-6 所示，4 为工作台面，工作台上方的 1 为双列链传动，2 为主动链轮，3 为走纸横块(共 5 个)，其两端分别固定在前后两根链条上，横块上装有若干个夹紧片，主动链轮由间歇机构带动，使双列链条做同步的间歇运动。每次停歇时，链上的一个走纸横块刚好运行到主动链轮下方的位置上，这时，工作台面下方的控制机构，其执行构件 7 做往复移动，推动横块上的夹紧装置，使夹紧片张开，操作者可将纸板 8 喂入，待夹紧后，主动链轮又开始转动，将纸板送到具有上模 5(装调以后是固定不动的)和下模 6 的位置，链轮再次停歇。这时，在工作台面下部的主传动系统中的执行机构——滑块 6 和下模为一体向上移动，实现纸板的压痕、切线，称为模压或压切。压切完成后，链条再次运行，当夹有纸板的横块走到某一位置时，另一机构(同 7，图中未标出)作用，使夹紧片张开，纸板落到收纸台上，完成一个工作循环。与此同时，后一个横块进入第二个工作循环，将已夹紧的纸板输入压切处，如此实现连续循环工作。

传动机构所用电动机转速为 n，滑块推动下模向上运动时所受生产阻力 p_c 如图 5-7 所示。回程时不受力，回程的平均速度为工作行程平均速度的 K 倍，下模移动的行程长度为 H，工作台离地面距离为 S。

要求按照压制纸板的工艺过程设计下列几个机构：使下压模运动的执行机构，起减速作用的传动机构，控制横块上夹紧装置(夹紧纸板)的控制机构。

2. 设计参数和设计要求(表 5－6)

表 5－6　设计参数

设计参数	生产效率/(张/h)	电机转速 n/(r/min)	p_c/N	K	H/mm	工作台高 S/mm
方案 A	1 200	1 450	2×10^6	1.3	50±0.5	1 200
方案 B	800	1 450	3×10^6	1.3	70±0.5	1 000

5.7　蚕豆自动切口剥皮机设计

1. 设计题目

蚕豆形状如图 5－8 所示，将干蚕豆浸泡后放在料斗内，通过振动下料后，蚕豆被平放压住并成头尾相接状排列，然后被输送到切口位置，由开口机构将蚕豆头部的皮切开一个小口，挤出装置将豆瓣从豆皮中挤出，实现豆瓣与皮的分离。

图 5－8　蚕豆

蚕豆自动切口剥皮机的主要工艺动作：送料、压豆切皮、挤压脱皮、豆与皮的收集。

2. 设计参数(表 5－7)

表 5－7　设计参数

设计参数	生产效率/(粒/分)	蚕豆长度/mm	蚕豆宽度/mm	蚕豆厚度/mm
方案 A	80～100	20～25	15～20	6～8
方案 B	60～70	30～35	20～25	10～12

3. 设计方案提示

(1) 蚕豆自动剥皮机一般至少包括间歇机构、齿轮机构、凸轮机构在内的三种机构。

(2) 设计凸轮机构，要求确定从动件运动规律(位移曲线、速度曲线、加速度曲线)，选择凸轮基圆半径，确定凸轮廓线，校核最大压力角。

(3) 机器要体积小，质量轻，压紧力可调，工作可靠，外形美观。

5.8　冲压式蜂窝煤成型机设计

1. 机器的功能和设计要求

冲压式蜂窝煤成型机是我国城镇蜂窝煤(通常又称煤饼，如图 5－9 所示)生产厂的主要生产设备，这种设备由于具有结构合理、质量可靠、成型性能好、经久耐用、维修方便等优点而被广泛采用。

冲压式蜂窝煤成型机的功能是将粉煤加入转盘的模筒内，经冲头冲压成蜂窝煤。为了实现蜂窝煤冲压成型，冲压式蜂窝煤成型机必须完成 5 个动作。

图 5－9　蜂窝煤

(1) 粉煤加料。
(2) 冲头将蜂窝煤压制成型。
(3) 清除冲头和出煤盘的积屑的扫屑运动。
(4) 将在模筒内冲压后的蜂窝煤脱模。
(5) 将冲压成型的蜂窝煤输送。

2. 工作原理和工艺动作分解

根据上述分析冲压式蜂窝煤成型机要求完成的工艺动作有以下 6 个动作。

(1) 加料　这一动作可利用粉煤重力自动加料。
(2) 冲压成型　要求冲头上下往复运动。
(3) 脱模　要求脱模盘上下往复运动,可以将它与冲头一起固定连接在上下往复运动的滑梁上。
(4) 扫屑　要求在冲头、脱模盘向上移动过程中完成。
(5) 模筒转盘间歇转动　以完成冲压、脱模、加料的转换。
(6) 输送　将成型脱模后的蜂窝煤落在输送带上送出成品。

上述 6 个动作,加料和输送比较简单可以不予考虑,冲压和脱模可用一个机构来完成。因此,冲压式蜂窝煤成型机重点考虑三个机构的设计:冲压和脱模机构,扫屑机构或模筒转盘的间歇运动机构。

图 5-10 表示冲头、脱模盘、扫屑刷、模筒转盘的相互位置情况。实际上冲头和脱模盘都与上下移动的滑梁连成一体,当滑梁下冲时将粉煤冲压成蜂窝煤,脱模盘将已压成型的蜂窝煤脱模。在滑梁上升过程中扫屑刷将刷除冲头和脱模盘粘着的煤屑,模筒转盘上均布了模筒,转盘的间歇机构使加料的模筒进入冲压位置、成型的模筒进入脱模位置、空模筒进入加料位置。

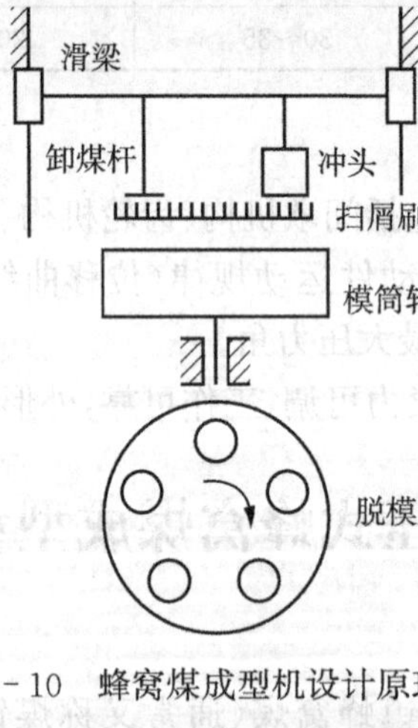

图 5-10　蜂窝煤成型机设计原理示意图

3. 设计参数(表 5-8)

表 5-8　设计参数

设计参数	生产效率/(个/分)	电机转速/(r/min)	冲压阻力/N	蜂窝煤尺寸/mm
方案 A	30	750	5 000	直径 120,高 80
方案 B	15	750	20 000	直径 200,高 150

4. 设计方案补充说明

(1) 为了改善蜂窝煤冲压成型的质量，希望冲压机构在冲压后有一段保压时间。

(2) 由于冲头压力较大，希望冲压机构具有增力功能，以增大有效作用，减小原动机的功率。

5.9　电瓷帽坯件成型机设计

1. 设计题目

电瓷帽是变配电设备的一个重要零件，属系列产品，是易损件之一，其外形尺寸如图 5－11 所示。它由瓷土做成圆柱形状，并在上端挖有凹孔成“帽”；坯件晾干后再烧成瓷器。使用时将电瓷帽翻盖在金属导杆的顶(尾)端，将起到绝缘和安全保护作用。电瓷帽的成型制作必须完成五个动作：

(1) 填料并刮平；

(2) 转模输送物料；

(3) 坯件经冲头冲压成型；

(4) 坯件脱模；

(5) 坯件输送。

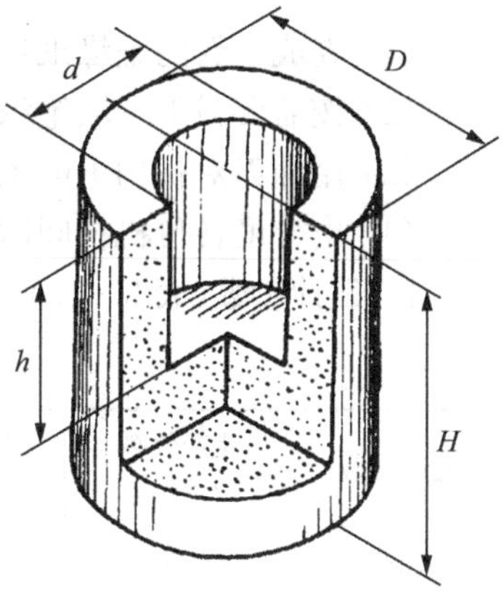

图 5－11　电瓷帽

2. 设计参数(表 5－9)

表 5－9　设计参数

设计参数	生产效率/(只/时)	电机转速/(r/min)	电磁帽尺寸/mm			
			D	d	H	h
方案 A	1 200	1 450	60	20	60	25
方案 B	600	1450	90	30	85	45

3. 设计方案补充说明

(1) 电瓷帽坯件成型机一般至少包括凸轮机构、齿轮机构、连杆机构等在内的三种机构，冲压机构应具有增力功能。

(2) 设计凸轮机构，要求确定从动件运动规律(位移曲线、速度曲线、加速度曲线)，选择凸轮基圆半径，确定凸轮廓线，校核最大压力角。

5.10　电机转子槽绝缘纸插入机设计

1. 设计题目

电机转子槽绝缘纸插入机是为电机生产厂家提高效益而设计的专用机。操作者把如图 5－12 所示的待插转子放入导轨上，由插入机自动完成以下工艺动作。

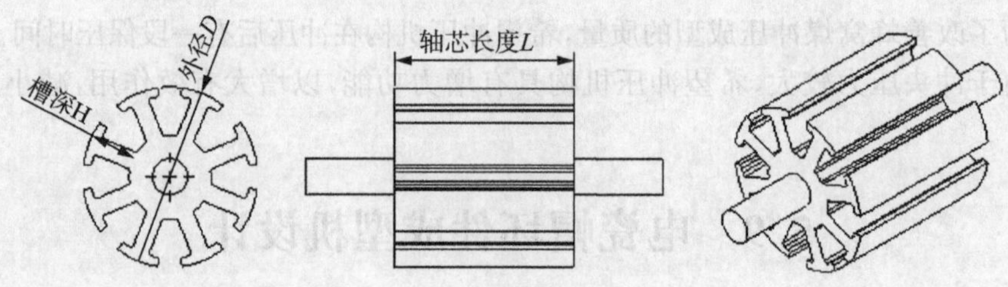

图 5-12 电机转子

(1) 卷成一卷的绝缘纸送出一定的长度；

(2) 按需要裁下一段绝缘纸；

(3) 用插刀对折切下的绝缘纸，插入空槽并推进到位；

(4) 由分度转位机构间歇转动电机转子，把整个转子所有绝缘槽的绝缘纸插完。

2. 设计参数(表 5-10)

表 5-10 设计参数

设计参数	生产效率/(个/分)	工作台高度/mm	电机转速/(r/min)	电机转子尺寸			
				D/mm	L/mm	H/mm	槽数/个
方案 A	80	1 100～1 200	1 440	30～60	90～120	$D/2$	6
方案 B	60	1 200～1 300	1 440	50～100	120～180	$D/2$	9

5.11 垫圈内径检测装置设计

1. 设计题目

设计垫圈内径检测装置，检测钢制垫圈内径是否在公差允许范围内。被检测的工件由推料机构送入后沿一条倾斜的进给滑道连续进给，直到最前边的工件被止动机构控制的止动销挡住而停止。然后，升降机构使装有微动开关的压杆探头下落，检测探头进入工件的内孔。此时，止动销离开进给滑道，以便让工件浮动。

检测的工作过程如图 5-13 所示。当检测工件的内径尺寸符合公差要求时[图 5-13(a)]，微动开关上的触头进入压杆的环形槽，微动开关断开，发出信号给控制系统(图中未给出)，在压杆离开工件后，把工件送入合格品槽。如工件内径尺寸小于合格的最小直径时[图 5-13(b)]，压杆的探头进入内孔深度不够，微动开关断开，发出信号给控制系统，使工件进入废品槽。如工件内径尺寸大于允许的最大直径时[图 5-13(c)]，微动开关仍闭合，控制系统将工件送入另一废品槽。

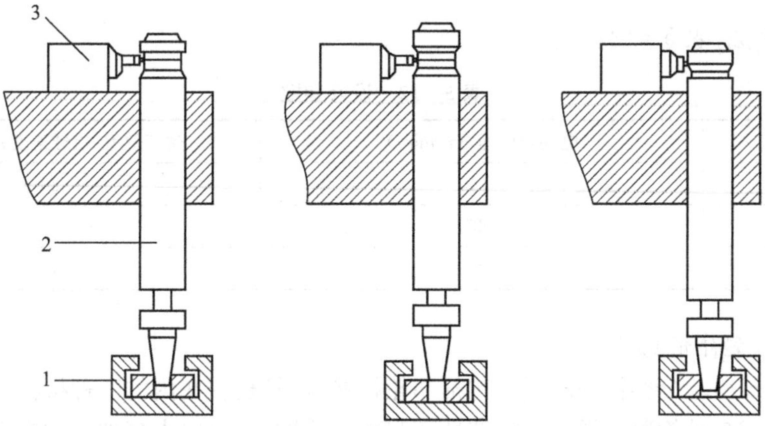

(a) 内径尺寸合格　(b) 内径尺寸太小　(c) 内径尺寸太大

图 5－13　垫圈内径检测过程

2. 设计参数(表 5－11)

表 5－11　设计参数

方案号	被测钢制平垫圈尺寸/mm				电动机转速/(r/min)	每次检测时间/s
	公称尺寸	内径	外径	厚度		
A	10	10.5	20	2	1 440	5
B	12	13	24	2.5	1 440	6
C	20	21	37	3	960	7
D	30	31	56	4	960	8

3. 设计方案补充说明

(1) 要求设计该检测装置的推料机构、控制止动销的止动机构、压杆升降机构。上述机构一般应包括凸轮机构、平面连杆机构以及齿轮机构等常用机构。该装置的微动开关以及控制部分的设计不作为本题要求。

(2) 由于止动销动作与压杆升降动作有严格的时间匹配顺序关系,所以建议考虑使用凸轮轴解决这个问题。

(3) 推料动作与上述两个动作的时间匹配不特别严格,所以可以采用平面连杆机构,也可以采用间歇机构。

5.12　健身球检验分类机设计

1. 设计题目

设计健身球自动检验分类机,将不同直径尺寸的健身球按直径分类。检测后送入各自指定位置,整个工作过程(包括进料、送料、检测、接料)自动完成。

健身球直径范围为 40～46 mm,要求分类机将健身球按直径的大小分为三类。

直径范围在 40～42 mm 的为第一类,直径范围在 42～44 mm 的为第二类,直径范围在

44～46 mm 为第三类。

2. 设计参数(表 5－12)

表 5－12 设计参数

设计参数	电动机转速/(r/min)	生产效率(检球速度)/(个/分)
方案 A	1 440	20
方案 B	960	10
方案 C	720	15

3. 设计方案补充说明

(1) 健身球检验分类机一般至少包括凸轮机构、齿轮机构在内的三种机构。

(2) 健身球自动检验分类机是创造性较强的一个题目,可以由多种运动方案实现。

(3) 此外,需要设计送料机构、接料机构、间歇机构等,可由曲柄滑块机构、槽轮机构等实现。

5.13 糕点切片机设计

1. 工作原理与工艺动作过程

糕点先成型(如长方体、圆柱体等),经切片后再烘干。糕点切片机要求实现两个动作:糕点的直线间歇移动和切刀的往复运动。通过两者的动作配合进行切片。改变直线间歇移动速度或每次间歇的输送距离,以满足糕点的不同切片厚度的需要。

2. 设计参数(表 5－13)

表 5－13 设计参数

名称	方案 A	方案 B	方案 C
糕点厚度/mm	10～20	20～30	30～50
糕点切片长度/mm	20～40	40～80	80～100
切片时最大作用距离(切片宽度)/mm	100	200	300
切片工作节拍/(次/分)	50	30	20

糕点切片时工作阻力很小,要求选用的机构简单、轻便、运动灵活可靠。

电机可选用功率 0.5 kW 或 0.75 kW、转速 1 450 r/min。

3. 设计方案提示

(1) 切割速度较大时,切片刀口会整齐平滑,因此,切刀运动方案的选择很关键,切口机构应力求简单适用、运动灵活和运动空间尺寸紧凑。

(2) 直线间歇运动机构如何满足切片长度尺寸的变化要求,是需要认真考虑的。调整机构必须简单可靠,操作方便。是采用调速方案,还是采用调距离方案,或采用其他调速方案,均应对方案进行定性分析比较。

(3) 间歇机构必须与切刀运动机构工作协调,即全部送出运动应在切刀返回过程中完成。需要注意的是,切口有一定的长度(即高度),输送运动必须在切刀完全脱离切口后才能开始进行，但输送机构的返回运动则可与切刀的工作行程在时间上有一段重叠，以利于提高生产效率，在设计机构工作循环图时，应按照上述要求来选择间歇运动机构的设计参数。

5.14　酱类食品灌装机构及其传动装置的设计

1. 工作原理及工艺动作过程简介

酱类食品如芝麻酱、花生酱、草莓酱、甜面酱、辣椒酱或番茄酱等，因风味独特，深受广大消费者的喜爱，是餐饮酒店、居家旅行之佳品。酱类食品灌装机是食品加工企业不可缺少的生产设备，其主要工艺动作有：

(1) 将灌装物料输送至料斗(料腔)；

(2) 将空瓶或空罐送至多工位转盘，并能自动转位；

(3) 能实现定量灌装；

(4) 进行压盖密封；

(5) 粘贴商标；

(6) 将成品送出。

2. 设计参数(表 5-14)

表 5-14　设计参数

设计参数	灌装能力/(瓶/分)	电动机同步转速/(r/min)	工作行程/mm	每瓶酱净重/(克/瓶)
方案 A	12	1 000	50	300～400
方案 B	18	1 500	55	200～300
方案 C	25	1 000	60	100～200

3. 设计方案提示

(1) 参数中的工作行程包含定量灌装、加盖密封、粘贴商标工艺等工作行程。

(2) 产品要求　为防止食品变质，产品密封性要好且在密封后有一定的保压时间。

(3) 整机由同一电机驱动，转盘的转位应准确平稳，整体结构紧凑、性能可靠、操作简单、外形美观、制造方便。

5.15　精压冲压机构及送料机构设计

1. 设计题目

本机用于将薄壁铝板一次冲压成为深筒形零件，工艺原理如图 5-14 所示。送料机构从侧面将坯料送至待加工位置，上模以逐渐增加的速度接近坯料，然后以匀速进入下模腔内将坯料拉延成型，随后继续下行将成品推出模腔，最后快速返回。其主要工艺动作有：

(1) 坯料间歇送至待加工位置；

(2) 上模冲头拉延成型；

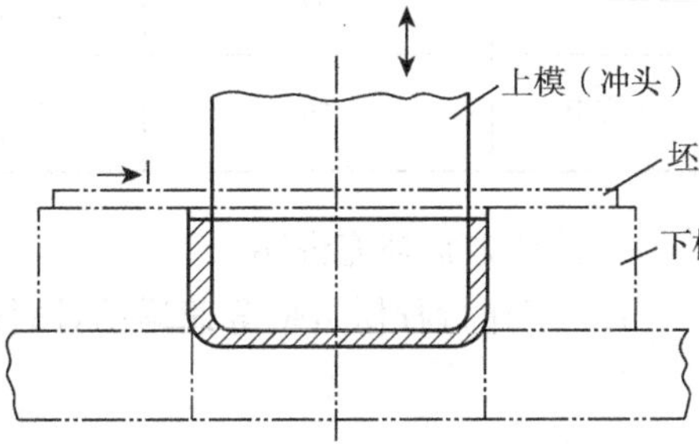

图 5-14　精压机工艺原理

(3) 成品被推出下模腔后侧移出加工区。

2. 设计参数(表 5 - 15)

表 5 - 15 设计参数

设计参数名称	方案 A	方案 B
生产效率/(件/分)	70	100
上模移动总行程/mm	280	350
上模拉延行程/mm	100	120
上模行程速比系数 K	≥1.3	≥1.3
坯料输送的最大距离/mm	200	250
工件送料传输平面标高/mm	1 000 左右	1 200 左右

注:上模拉延行程置于总行程的中部,该行程内做等速或近似等速运动。

5.16 开榫机设计

1. 设计题目

开榫机是家具与木制品行业的开槽机。如图 5 - 15 所示,实木家具木板之间需要用榫槽接头连接。榫槽是开在连接木板表面或末端上的一道凹槽,被连接木板正好能嵌入这道槽中。图 5 - 15(a)所示为明式榫槽,凹槽贯通整块木板;图 5 - 15(b)所示为半闭式榫槽,凹槽的一侧不贯通。本开榫机是明式和半闭式榫槽的专用机,操作者将工件放上工作台,由开榫机完成以下工艺动作:

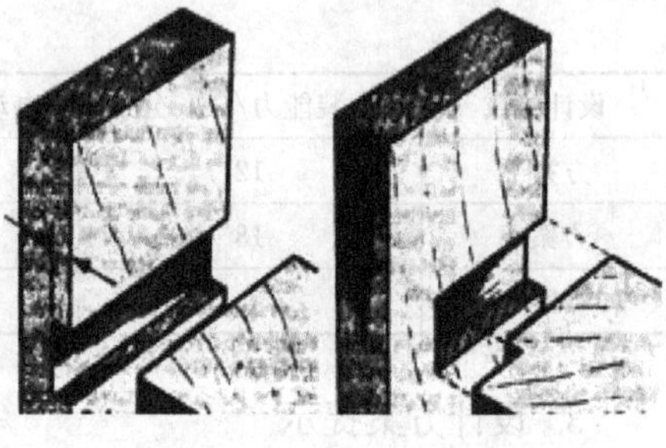

(a) (b)

图 5 - 15 榫槽

(1) 夹具夹紧工件,铣刀将工件的通槽端面切平;

(2) 夹具松开,工件直线移动,通过固定的榫槽刀,在工件上开出榫槽;

(3) 工件返回。

2. 设计参数(表 5 - 16)

表 5 - 16 设计参数

设计参数	生产效率/(件/分)	榫槽尺寸/mm	工作台高度/mm	电机同步转速/(r/min)
方案 A	80	长 20～70,宽 50, 深 10～20	1 000 左右	1 450
方案 B	60	长 50～100,宽 60, 深 30～40	1 200 左右	750

3. 设计方案补充说明

工件工作行程做近似等速运动,回程时具有急回特性。

5.17　块状物品推送机的机构综合设计

1. 设计题目

在自动包裹机的包装作业过程中，经常需要将物品从前一工序推送到下一工序。现要求设计一用于糖果、香皂等包裹机中的物品推送机，将块状物品从一位置向上推送到所需的另一位置，如图 5-16 所示。

当物品达到最高位时，另设计一推送机构，将物料推出。

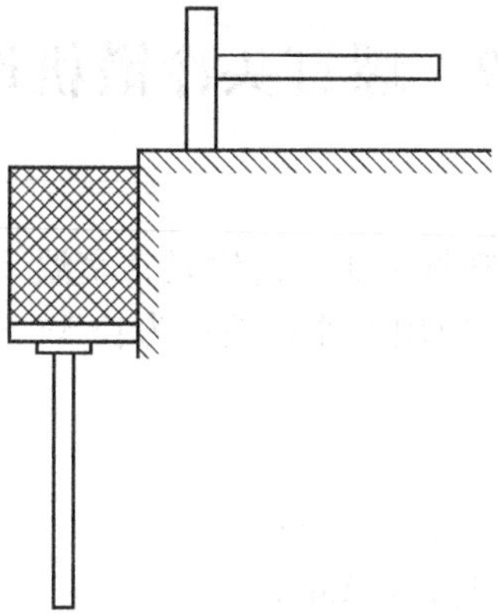

图 5-16　推送机工作要求

2. 设计参数(表 5-17)

表 5-17　设计参数

设计参数	推送物品质量/kg	向上推送距离/mm	水平推送距离/mm	生产效率/(件/min)	电机转速/(r/min)
方案 A	50	120	150	120	2 980
方案 B	80	150	200	80	1 450

3. 设计方案补充说明

(1) 由物品处于最低位置开始，当执行机构主动件转过 150°时，垂直推杆从最低位置运动到最高位置，然后再转过 45°，水平推杆在此过程中完成推送；当主动件再转过 120°时，垂直推杆从最高位置返回到最低位置；最后主动件再转过 45°，垂直推杆在最低位置停歇不动。水平推杆的动作应与之协调。

(2) 系统动力由一台三相交流电机提供。

5.18　奶茶封盖插管机设计

1. 设计题目

奶茶封盖插管机在奶茶自产自销网点使用，以降低营业员的劳动强度，提高工作效率。操作者将装有奶茶的纸杯放置在工作台上，由封盖插管机自动完成如下动作：

(1) 封盖；

(2) 插入吸管(方便顾客当场饮用);

(3) 移送到柜台上,停歇适当时间让顾客取走奶茶。

2. 设计参数(表 5-18)

表 5-18 设计参数

设计参数	生产效率/(杯/分)	机器与柜台之间的距离/mm	电机转速/(r/min)
方案 A	30	800~1 000	1 450
方案 B	20	900~1 200	1 450

5.19 螺钉头冷镦机设计

1. 设计题目

螺钉头部成型通常采用冷镦塑性加工。冷镦是在室温下对螺钉毛坯高速打击,在挤压模腔中缩径、压型的加工方法。冷镦使用的原始毛坯为长 5~6 m,直径 10 mm 的棒料,主要工艺动作为:

(1) 棒料间歇送进;

(2) 截下短尺寸毛坯并运送到冷镦工位;

(3) 预镦:螺杆部分缩径,螺钉头部镦粗;

(4) 终镦:头部压型;

(5) 成品从模腔顶出。

2. 设计参数(表 5-19)

表 5-19 设计参数

设计参数	生产效率/(只/分)	螺钉杆尺寸/mm	冷镦冲头行程/mm
方案 A	120	直径 $D=2\sim4$,长度 $L=25\sim30$, 短尺寸毛坯料长 30~48	50
方案 B	80	直径 $D=6\sim8$,长度 $L=30\sim40$, 短尺寸毛坯料长 40~55	70

5.20 链条编结机设计

1. 设计题目

链条编结机用来制造扭曲链条。如图 5-17 所示,扭曲链条由一串环形链节编结而成,每个链节被加工成扭曲立体形,外形比图 5-18 所示的平环链条美观,常常用于有装饰需要的场合。制造扭曲链的原始材料为成盘状卷绕的线材。它的主要工艺动作为:

图 5-17 扭曲

图 5-18 平环

(1) 将成盘的钢丝校直,并绕成链节长宽所需的一圈螺旋环送出;

(2) 送料停止后,剪下一圈螺旋状的钢丝,将其压平为平面环;(注:不考虑焊接工艺)

(3) 将平面环的两头夹住,使一夹头旋转若干角度,平面环形就被扭曲成立体环形,完成一个链节的成型;

(4) 让螺旋环料送出时恰好穿入前面已经成形的链节,即在送料的同时完成前后环之间的联结。

2. 设计参数(表 5-20)

表 5-20　设计参数

设计参数	生产效率/(链节/分)	钢丝直径/mm	每个链节所用钢丝长度/mm	扭曲角度/(°)
方案 A	34～45	2.3～2.5	35	45
方案 B	20～30	3.3～3.5	50	45

5.21　凉席竹片铣槽机的设计

1. 设计题目

为了减轻凉席的质量,增加透风性能,需要在凉席竹片两侧的铣削出 $R=20$ mm 的圆弧槽。如图 5-19 所示,两边槽深分别为 8 mm,以保证铣出缝隙;槽宽为 2 mm。刀具可用外径 $\phi40$ mm 厚度 2 mm 的锯片铣刀,铣刀转速为 2 800 r/min,铣削功耗约为 375 W。

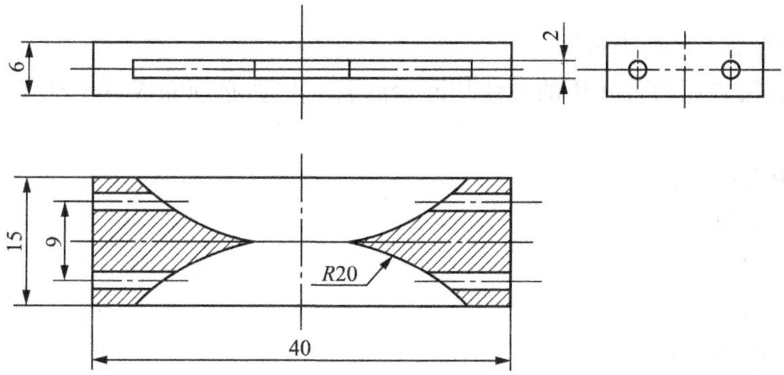

图 5-19　凉席竹片铣槽参数

2. 设计参数(表 5-21)

表 5-21　设计参数

方案号	进给电动机转速/(r/min)	生产效率/(片/分)
A	1 440	120
B	960	100
C	720	60

3. 设计方案提示

(1) 由于竹片中间要铣出缝隙，两侧的凹槽不便一次铣出，可考虑用两个工位分别铣出两侧的凹槽；这样，也方便设计夹紧机构；要注意两工位之间的间距要正好是竹片长度的整数倍。

(2) 为简化运动链，进料(刀)动作和铣削动作可采用不同的电动机提供动力。

(3) 进料机构。进刀机构可考虑用凸轮机构完成；压紧机构可组合运用弹簧和型面完成。

(4) 可设计一个宽 15 mm、深 6 mm 的凹槽零件作为竹片移动的导槽，如图 5－20 所示。

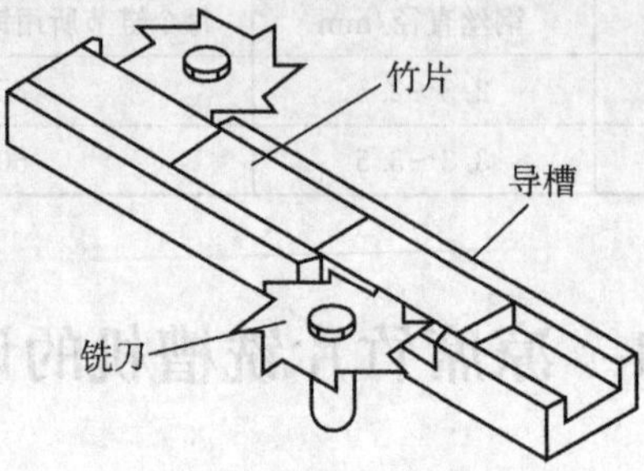

图 5－20　竹片移动导槽示意图

5.22　碾压式切管机设计

1. 工作原理及工艺动作过程

碾压式切管机是用刀片碾压的方法切断金属管。机器必须完成五个动作：

(1) 送料；

(2) 一对滚筒旋转；

(3) 圆盘刀片碾压；

(4) 清除切屑；

(5) 金属管输送。

2. 设计参数(表 5－22)

表 5－22　设计参数

设计参数	方案 A	方案 B
生产能力/(根/分)	30(滚筒转两转切断一根)	15(滚筒转四转切断一根)
金属管直径/mm	10～30	30～50
电机转速/(r/min)	1 450	1 450

3. 设计方案提示

刀片机构应具有增力功能。

5.23 巧克力糖包装机设计

1. 设计题目

设计巧克力糖自动包装机。包装对象为圆台状巧克力糖(图5-21),包装材料为厚0.08 mm的金色铝箔纸。包装后外形应美观挺拔,铝箔纸无明显损伤、撕裂或褶皱(图5-22)。包装工艺方案为:纸坯采用卷筒纸,纸片水平放置,间歇剪切式供纸。包装工艺动作为(图5-23):

(1) 将64 mm×64 mm铝箔纸覆盖在巧克力糖47 mm小端正上方;

(2) 使铝箔纸沿糖块锥面强迫成型;

(3) 将余下的铝箔纸分半,先后向24 mm大端面上褶去,迫使包装纸紧贴巧克力糖。

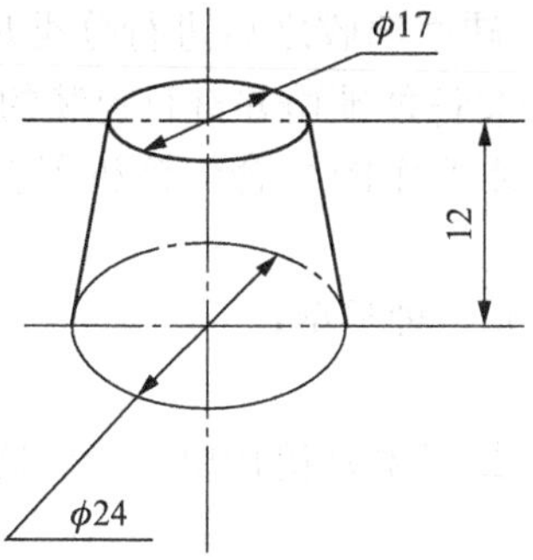

图5-21 圆台状巧克力糖

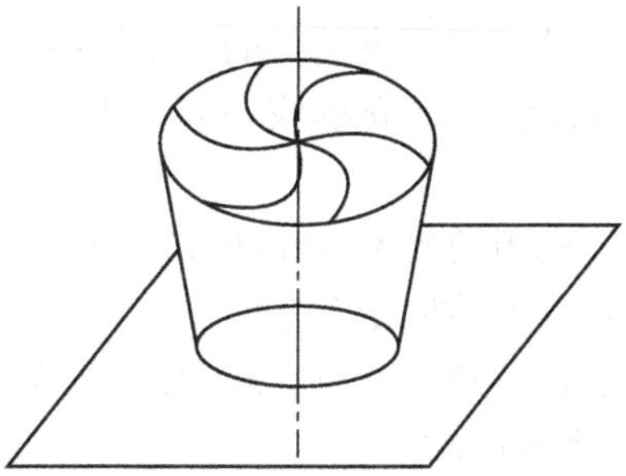

图5-22 包装后的巧克力糖

图5-23 包装工艺动作

2. 设计参数(表5-23)

表5-23 设计参数

设计参数	方案A	方案B	方案C
生产效率/(个/分)	120	90	60
电动机转速/(r/min)	1 440	960	820

3. 设计要求

(1) 要求设计糖果包装机的间歇剪切式供纸机构、铝箔纸锥面成型机构、折纸机构以及巧克力糖果的推送机构。

(2) 整台机器外形尺寸(宽×高)不超过800 mm×1 000 mm。

(3) 锥面成型机构不论采用平面连杆机构、凸轮机构或者其他常用机构,要求成型动作尽量等速，起动与停顿时冲击要小。

4. 设计方案提示

(1) 剪纸与供纸动作连续完成。

(2) 铝箔纸锥面成型机构一般可采用凸轮机构、平面连杆机构等。

(3) 实现折纸动作的机构有多种选择，包括凸轮机构、摩擦滚轮机构等。

(4) 巧克力糖果的送推料机构可采用平面连杆机构或凸轮机构。

(5) 各个动作应有严格的时间顺序关系。

5.24 全自动硬币分类包装机设计

1. 设计题目

随着硬币应用越来越广泛，使用的频率也越来越高，硬币回收之后进行分类是一个重复枯燥的工作。本项目研究的目的是设计一个可以快速分类各种硬币并进行包装的小型机器，适用于公交系统、大型商场或银行等具有大量硬币分类工作的场合。该机器应实现以下功能：

(1) 混合硬币的喂入，硬币包括 0.1 元、0.5 元、1.0 元三种类型；

(2) 按尺寸大小将硬币进行分类；

(3) 分类后的硬币进行包装，每 50 个硬币为一个包装(计数功能由电子计数器完成)。

2. 设计参数(表 5-24)

表 5-24 设计参数

设计参数	方案 A	方案 B
分拣速度/(枚/分)	100	300
外形尺寸/mm^3	750×750×1 750	750×750×1 750

3. 设计方案提示

(1) 设计硬币振动喂入机构、硬币分拣机构、硬币包装机构。

(2) 应包括齿轮机构、凸轮机构、连杆机构在内的三种常用机构。

(3) 设计计算其中一对齿轮机构。

5.25 热镦挤送料机机械手设计

1. 设计题目

设计二自由度关节式热镦挤送料机械手，由电动机驱动，夹送圆柱形镦料，往 40 t 镦头机送料。以方案 A 为例，它的动作顺序是：手指夹料，手臂上摆 12°，手臂水平回转 120°，手臂下摆 15°，手指张开放料；手臂再上摆，水平反转，下摆，同时手指张开，准备夹料。主要要求完成对手臂上下摆动以及水平回转的机械运动设计。图 5-24 为机械手的外观图。

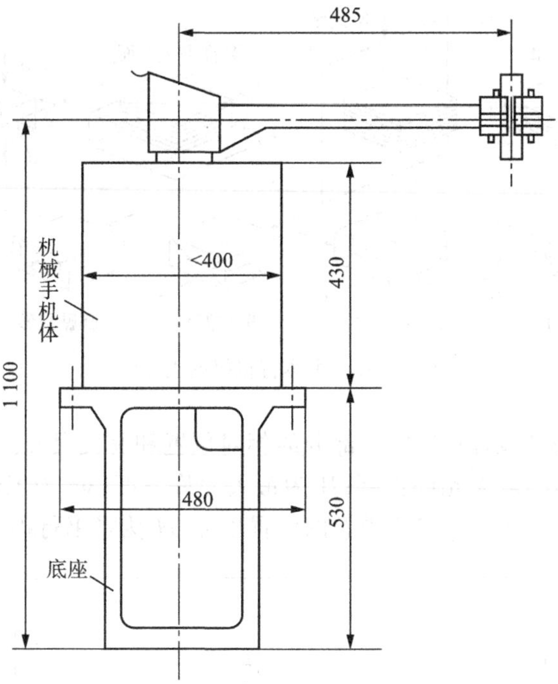

图 5 - 24　机械手的外观图

2. 设计参数(表 5 - 25)

表 5 - 25　设计参数

设计参数	最大抓重/kg	手指夹持工件最大直径/mm	手臂回转角度/(°)	手臂回转半径/mm	手臂上下摆动角度/(°)	送料频率/(次/分)	电机转速/(r/min)
方案 A	2	25	120	600	15	15	1 450
方案 B	3	30	100	700	20	10	960
方案 C	1	15	110	500	15	20	1 450

3. 设计方案提示

(1) 机械手主要由手臂上下摆动机构、手臂回转机构组成。工件水平或垂直放置,设计时可以不考虑手指夹料的工艺动作。

(2) 机械手为空间机构,确定设计方案后应计算空间自由度。

(3) 机械手一般包括连杆机构、凸轮机构和齿轮机构。

5.26　书本打包机设计

1. 设计题目

设计书本打包机,在连续生产线上实现自动送书、包书(5 本一摞)、并在书摞的两端涂糨糊和贴标签。书摞的包、封工艺顺序如图 5 - 25 所示。

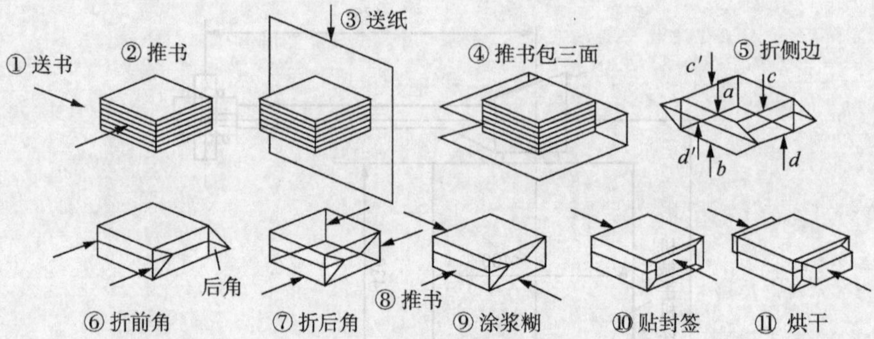

图 5-25　书本打包机的工序图

图 5-26 所示为总体设计规定的各部分的相对位置和有关尺寸。其中 O 为机器主轴的位置；A 为机器中机构的最大允许长度；B 为最大允许高度；y_0 为工作台面距主轴的高度；(x, y)为主轴的位置坐标；(x_1, y_1)为纸卷的位置坐标；H 为推书行程。

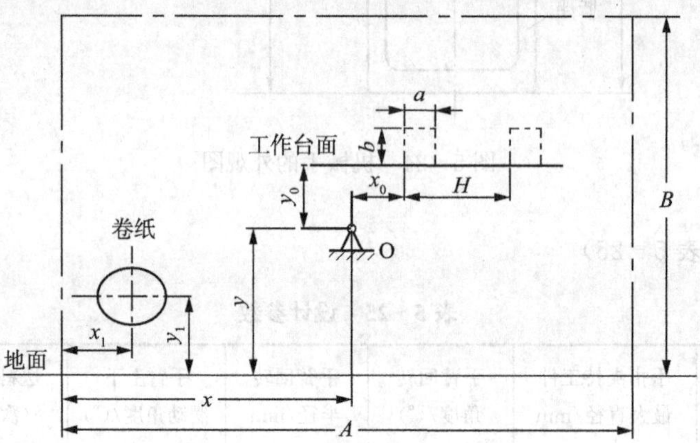

图 5-26　书本打包机各部分相对位置

2. 设计参数(表 5-26)与工艺参数(表 5-27)

表 5-26　设计参数

设计参数	A/mm	B/mm	y_0/mm	x/mm	y/mm	x_1/mm	y_1/mm
方案 A	2 000	1 600	400	1 000～1 100	350～400	300	300
方案 B	1 800	1 500	350	900～1 000	300～350	300	300

注:为了保证工作安全、台面整洁,推书机构最好放在工作台面以下。

表 5-27　工艺参数

工艺参数	书摞尺寸/mm			推书起始位置 x_0	推书行程 H	推书次数(主轴转速) n/(r/min)	纸卷直径 d/mm
	宽度 a	长度 b	高度 c				
方案 A	130～140	200～220	200～220	200	400	10	400
方案 B	120～130	180～200	180～200	200	300	12	360

3. 设计方案提示

(1) 设计内容包括纵向推书机构、送纸机构、裁纸机构、折角机构、涂糨糊机构，以及从电动机到主轴之间的传动机构。

(2) 书本打包机一般应包括凸轮机构、齿轮机构、平面连杆机构在内的三种以上常用机构。

5.27 商标剪切压型机设计

1. 设计题目

缝制在服装上的商标(图 5－27)是以织带形式生产的(图 5－28)。要将商标从织带上按一定长度剪下，并将切口的毛边折叠、烫压平整，方可缝制。因此需要一台商标剪切压型机。本机的主要工艺动作为：

(1) 织带卷自动喂入一个商标的长度；

(2) 剪切商标；

(3) 毛边折叠；

(4) 烫压平整。

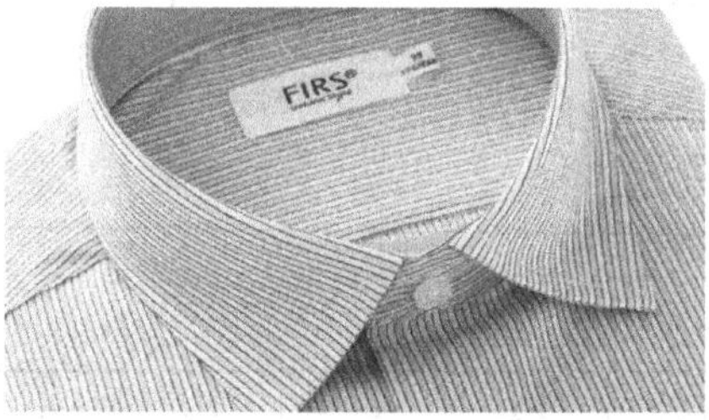

图 5－27 领口商标

图 5－28 商标织带

2. 设计参数(表 5－28)

表 5－28 设计参数

设计参数	生产效率/(次 /分)	切带长度/mm	切带宽度/mm
方案 A	80	80～100	20～30
方案 B	120	50～80	15～20

3. 设计方案提示

(1) 拟订工艺原理图和运动循环图。

(2) 进行喂料、剪切、折叠、烫压的执行机构选型。

5.28 榫槽成型半自动切削机的设计

1. 设计题目

该机器为木工机械，其功能是将木质长方形块切削出榫槽，其执行系统工作过程如图

5－29 所示。先由构件 2 压紧工作台上的工件，接着端面铣刀 3 将工件的右端面切平，然后构件 2 松开工件，推杆 4 推动工件向左直线移动，通过固定的榫槽刀，在工件上的全长上开出榫槽。

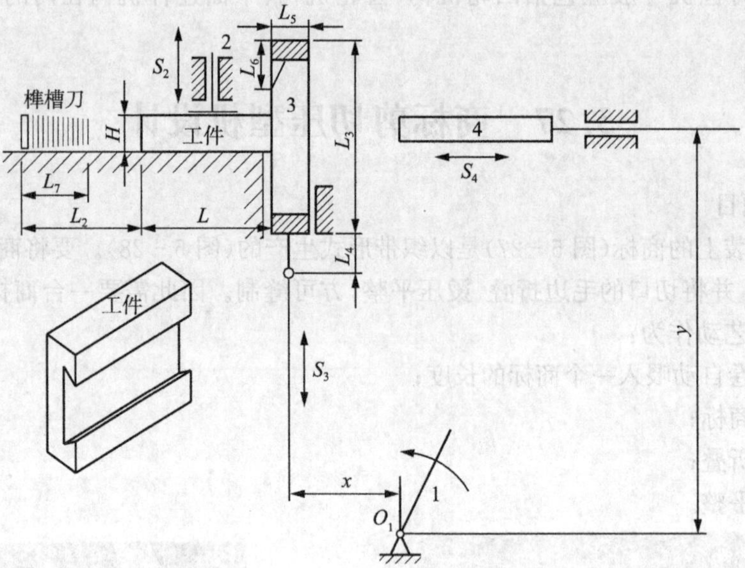

图 5－29　执行系统工作过程

2. 位置参数(表 5－29)及设计参数(表 5－30)

表 5－29　位置参数(单位：mm)

参数	X	Y	H	L	L_2	L_3	L_4	L_5	L_6	L_7
数据	50	220	10	70	30	70	30	20	18	20

表 5－30　设计参数

参数名称	各方案参数值				
	A	B	C	D	E
推杆工作载荷/N	2 000	2 500	3 000	3 500	4 000
端面切刀工作载荷/N	1 500	1 800	2 000	2 200	2 500
生产效率/(件/分)	80	70	60	50	40

3. 设计补充说明

要求推杆在推动工件切削榫槽过程中，工件做近似等速运动。

5.29　四工位专用机床的运动方案设计

1. 设计题目与要求

设计一台四工位专用机床，在其四个工位上分别完成相应的装卸工件、钻孔、扩孔、铰孔工作，如图 5－30 所示。

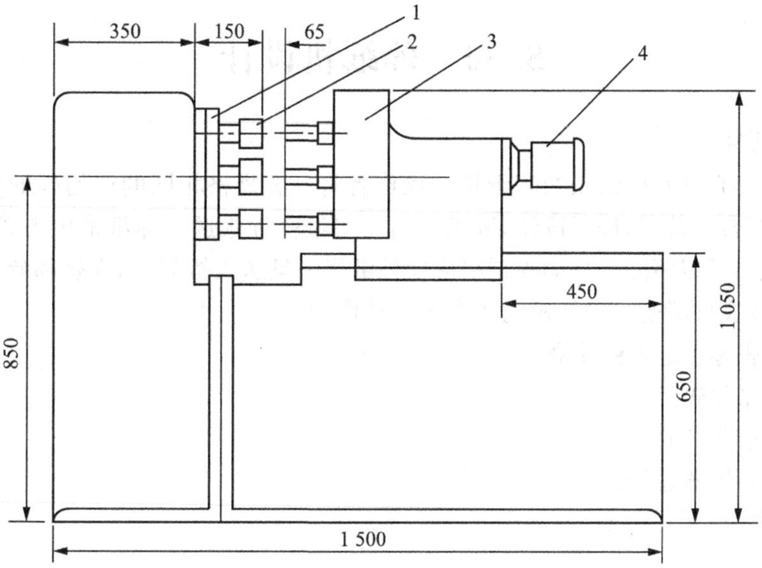

图 5－30　四工位专用机床工作示意图

1—回转工作台；2—工位；3—主轴箱；4—专用电机

它的执行机构有两个：一是装有四工位工件的回转工作台 1，二是装有由专用电机 4 带动的三把专用刀具的主轴箱 3。主轴箱每向左移动送进一次，在四个工位 2 上分别完成相应的装卸工件、钻孔、扩孔、铰孔工作。当主轴箱右移（退回）到刀具离开工件后，工作台回转 90°，然后主轴箱再次左移。很明显，对某一个工件来说要在四次循环后完成装、钻、扩、铰、卸等工序。但对专用机床来说，一个循环就有一个工件完成上述全部工序。

2. 设计参数

此四工位专用机床的设计要求为：

(1) 刀具顶端起始位置离开工作表面距离为 A，快速移动送进 B 后，再匀速送进 C，然后快速返回。回程和工作行程的平均速比约为 k；

(2) 刀具匀速进位速度为 D；工件装卸时间不超过 T 秒；

(3) 生产效率为每小时约 N 件；

(4) 执行机构能装入机体内。

各参数在不同方案中具体数值如表 5－31 所示。

表 5－31　设计参数

设计参数	A/mm	B/mm	C/mm	D/(mm/s)	k	T/s	N/(件/时)
方案 A	65	60	60	2	2	10	75
方案 B	60	55	55	3	2	9	80

3. 设计方案提示

(1) 本四工位专用机床主要有两个执行构件——回转工作台和主轴箱。回转工作台做间歇转动，主轴箱做来回移动。

(2) 注意在工作过程中执行构件不得发生运动干涉。

5.30 碎纸机设计

1. 设计题目

设计一台能自动粉碎纸张的碎纸机。操作者将一叠规格相同的待粉碎的纸张放入碎纸机的集纸器内，合上盖子，按下按钮，碎纸机自动将纸张逐张送入碎纸槽内粉碎，当槽内纸屑堆积到一定量时予以清除。自动碎纸机应保证纸张一旦送入机器后，在被粉碎完毕之前无法开盖取出，以免文件泄密。碎纸机的主要工艺动作为：

(1) 将纸张逐张送入粉碎槽；

(2) 将纸张粉碎；

(3) 定时清除纸屑；

(4) 锁紧集纸器盖子。

2. 设计参数(表 5-32)

表 5-32 设计参数

设计参数	生产效率/(张/分)	纸张尺寸/mm	电机转速/(r/min)
方案 A	90	长 420，宽 297	750
方案 B	120	长 297，宽 210	1 450

3. 设计方案补充说明

碎纸机设计应包括送纸、碎纸、清除纸屑、集纸器盖子启闭等执行机构的设计与选型。

5.31 洗瓶机设计

1. 设计题目

设计一台用于对瓶子外表面进行清洗的洗瓶机，它主要由推瓶机构、导辊机构、转刷机构等组成。如图 5-31 所示，待洗的瓶子放在两个同向转动的导辊上，导辊带动瓶子旋转。当推头 M 把瓶子向前推进时，转动着的刷子就把瓶子外面洗净。当前一个瓶子将要洗刷完毕时，后一个待洗的瓶子已送入导辊待推。

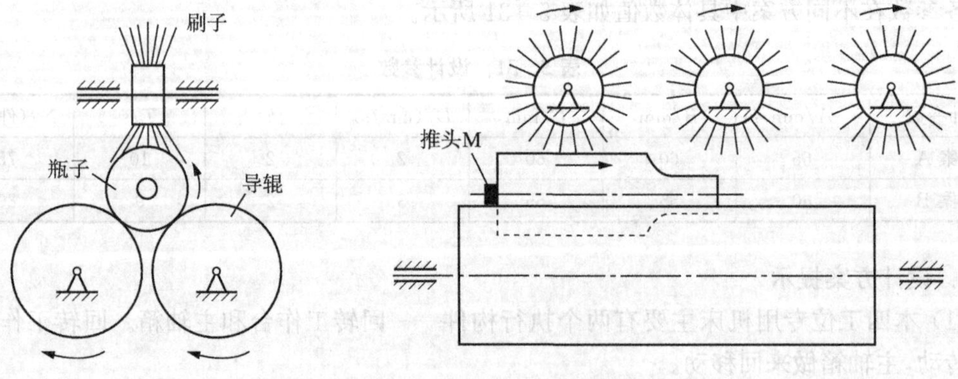

图 5-31 洗瓶机工作示意图

2. 设计参数(表 5－33)

表 5－33　设计参数

设计参数	瓶子尺寸/(mm×mm)	工作行程/mm	生产效率/(个/分)	急回系数 K	电机转速/(r/min)
方案 A	Φ100×200	600	30	2	1 440
方案 B	Φ80×180	500	25	2.5	1 440
方案 C	Φ60×150	420	20	3	960

3. 设计提示

(1) 设计的推瓶机构应使推头 M 以接近均匀的速度推瓶，平稳地接触和脱离瓶子，然后推头快速返回原位，准备第二个工作循环。

(2) 根据设计要求，推头 M 可走图 5－32 所示轨迹，而且推头 M 在工作行程中应做匀速直线运动，在工作段前后可有变速运动，回程时有急回特性。

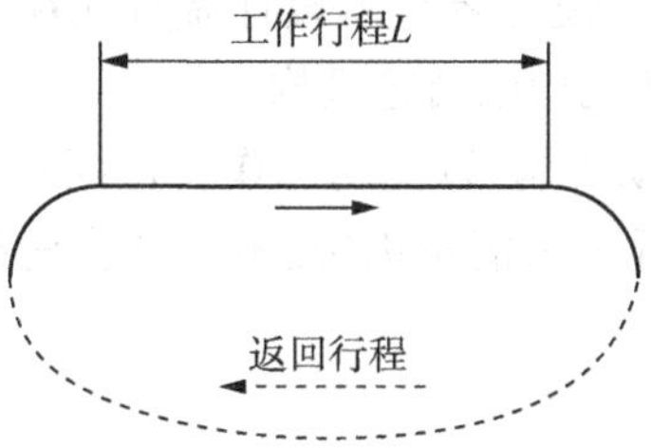

图 5－32　推头可走轨迹

5.32　旋转型灌装机的设计

1. 设计题目

设计旋转型灌装机。在转动工作台上对容器(如玻璃瓶)连续灌装流体(如饮料、酒、冷霜等)，转台有多工位停歇，以实现灌装、封口等工序。为保证在这些工位上能够准确地灌装、封口，应设置定位装置。如图 5－33 所示，工位 1：输入空瓶；工位 2：灌装；工位 3：封口；工位 4：输出灌装好的容器。

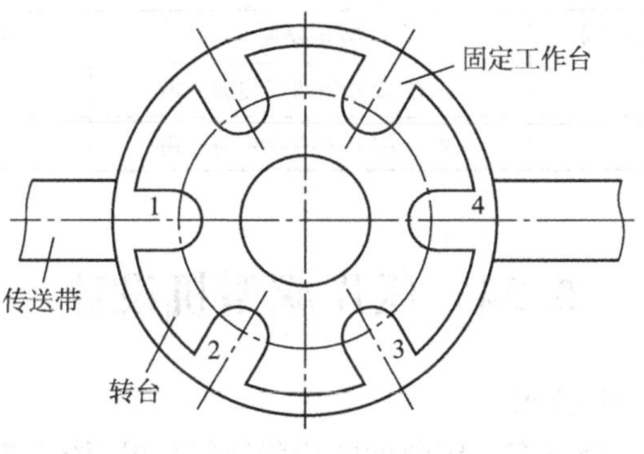

图 5－33　旋转型灌装机

2. 设计参数

该机采用电动机驱动，传动方式为机械传动，设计参数见表 5-34。

表 5-34 旋转型灌装机技术参数

设计参数	转台直径/mm	电动机转速/(r/min)	灌装速度/(r/min)
方案 A	600	1 440	10
方案 B	550	1 440	12
方案 C	500	960	10

3. 设计提示

(1) 旋转型灌装机应包括连杆机构、凸轮机构、齿轮机构三种常用机构。

(2) 采用灌瓶来灌装流体，泵固定在某工位的上方。

(3) 采用软木塞或金属冠盖封口，它们可由气泵吸附在压盖机构上，由压盖机构压入(或通过压盖模将瓶盖紧固在)瓶口。设计者只需设计做直线往复运动的压盖机构。压盖机构 l 可采用移动导杆机构等平面连杆机构或凸轮机构。

(4) 此外，需要设计间歇传动机构，以实现工作转台间歇传动。为保证停歇可靠，还应设计定位(锁紧)机构。间歇机构可采用槽轮机构、不完全齿轮机构等，定位(锁紧)机构可采用凸轮机构等。

5.33 易拉罐打码装箱机设计

1. 设计题目

易拉罐打码装箱机用于易拉罐饮料自动生产线的最后一道工序。易拉罐尺寸为 $\Phi80\times150$(mm×mm)，前道工序将灌装好的易拉罐送入导轨，由打码装箱机自动完成以下动作：

(1) 对每罐成品罐底打印生产日期及批次等字码；

(2) 将易拉罐装入纸箱；

(3) 满箱后纸箱推离，空纸箱就位。

2. 设计参数(表 5-35)

表 5-35 设计参数

设计参数	生产效率/(罐/时)	装箱要求	空箱运动速度/满箱运动速度
方案 A	500	每 12 罐分为两层装满一箱	>1.3
方案 B	600	每 18 罐分为两叠装满一箱	>1.5

5.34 压片成型机设计

1. 设计题目及工艺动作要求

设计自动压片成型机，将具有一定湿度的粉状原料(如陶瓷干粉、药粉)定量送入压型位置，经压制成型后脱离该位置。机器的整个工作过程(送料、压型、脱离)均自动完成。该机器可以压制陶瓷圆形片坯、药剂(片)等。

如图 5－34 所示,压片成型机的工艺动作是:

(1) 干粉料均匀筛入圆筒形型腔[图 5－34(a)]。

(2) 下冲头下沉 3 mm,预防上冲头进入型腔时粉料扑出[图 5－34(b)]。

(3) 上、下冲头同时加压[图 5－34(c)],并保持一段时间。

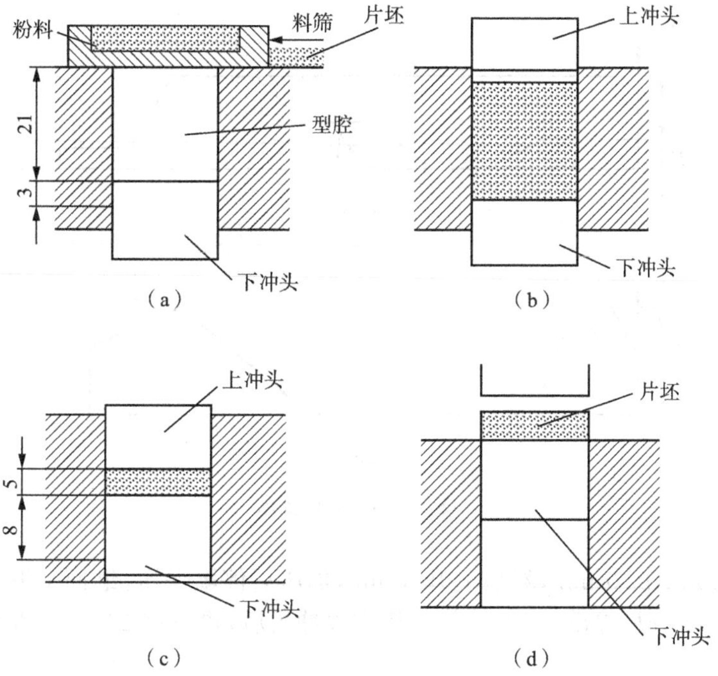

图 5－34　压片成型机工艺动作

(4) 上冲头退出,下冲头随后顶出压好的片坯[图 5－34(d)]。

(5) 料筛推出片坯[图 5－34(a)]。

2. 设计参数(表 5－36)

表 5－36　压片成型机设计数据

设计参数	电动机转速/(r/min)	生产效率(片/分)	成品尺寸/(mm×mm)	冲头压力/N	δ	$m_{冲}$/kg	$m_{杆}$/kg
方案 A	1450	10	Φ100×60	15 000	0.10	12	5
方案 B	970	15	Φ60×35	10 000	0.08	10	4
方案 C	970	20	Φ40×20	10 000	0.05	9	3

3. 设计方案补充说明

(1) 上冲头为往复上下运动,下移至终点后有短时间的停歇,起保压作用,保压时间为 0.4 s 左右。因冲头上升后要留有料筛进入的空间,故冲头行程为 90～100 mm。因冲头冲力要求较大,因而加压机构应有增力功能[图 5－35(a)]。

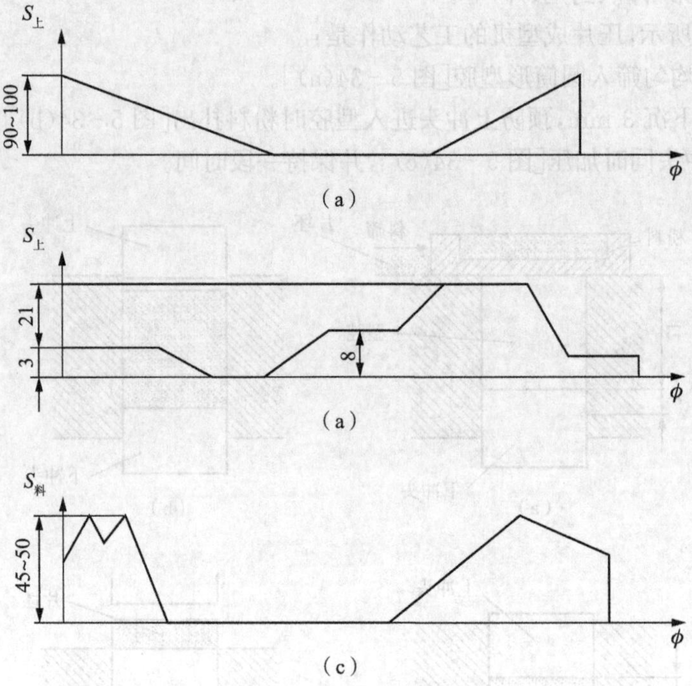

图 5-35 设计要求

(2) 下冲头先下沉 3 mm，然后上升 8 mm，加压后停歇保压，继而上升 16 mm，将成型片坯顶到与台内平齐后停歇，待料筛将片坯推离冲头后，再下移 21 mm 到待料位置[图 5-35(b)]。

(3) 料筛在模具型腔上方往复振动筛料，然后向左退回。待批料成型并被推出型腔后，料筛在台面上右移约 45～50 mm，推卸片坯[图 5-35(c)]。

上冲头、下冲头与送料筛的动作关系见表 5-37。

表 5-37 动作关系

上冲头	进		退	
送料筛	退	近休	进	远休
下冲头	退	近休	进	远休

5.35 液体自动包装机设计

1. 设计题目

该全自动液体包装机适用于袋装酱油、醋、牛奶、饮料等液体的自动包装。包装袋材料采用具有防漏、隔热功能的包装纸卷，该机器首先将包装纸卷成筒状，并将一端的口封住形成口袋，然后将一定量的液体注入口袋内，最后封口和切断，并由输送机构输出。

2. 设计参数(表 5－38)

表 5－38 设计参数

设计参数	包装速度/(袋/时)	包装纸宽度/mm	灌装容量/(毫升/袋)
方案 A	1 000～1 200	300	300～500
方案 B	1 200～1 500	250	100～300

5.36 医用棉签卷棉机设计

1. 设计题目

医用棉签卷棉机自动将签棒与棉条卷成医用棉签，比手工卷棉的工作效率提高 10 倍左右，并避免了医用棉签的细菌感染。操作者送签和排签，由卷棉机自动完成以下工艺动作：

(1) 将条状棉适量送入并揪下定长条棉；

(2) 在签杆上涂胶；

(3) 签杆卷棉并将卷好的棉签送出。

2. 设计参数(表 5－39)

表 5－39 设计参数

设计参数	方案 A	方案 B
棉条宽度/mm	30	20
棉条自然厚度/mm	4	2
签杆直径/mm	3	2
签杆长度/mm	70	50
签杆卷棉部分长度/mm	20～25	15～20
生产效率(支/分)	60	120
每支卷取棉块长/mm	20～25	15～20

5.37 自动送料冲床机构方案设计

1. 设计题目

图 5－36 为某冲床机构运动方案示意图。该冲床用于在板料上冲制电动玩具中需要的薄齿轮。电动机通过 V 带传动和齿轮传动(图中未画出)带动 O_1A' 转动，通过连杆 $A'C$ 带动滑块上下往复运动，实现冲制工艺。四杆机构 $O_1AB'O_2$ 和齿轮机构实现自动送料。

针对图 5－36 所示的冲床机构运动方案，进行执行机构的综合与分析，并进行传动系统结构设计。

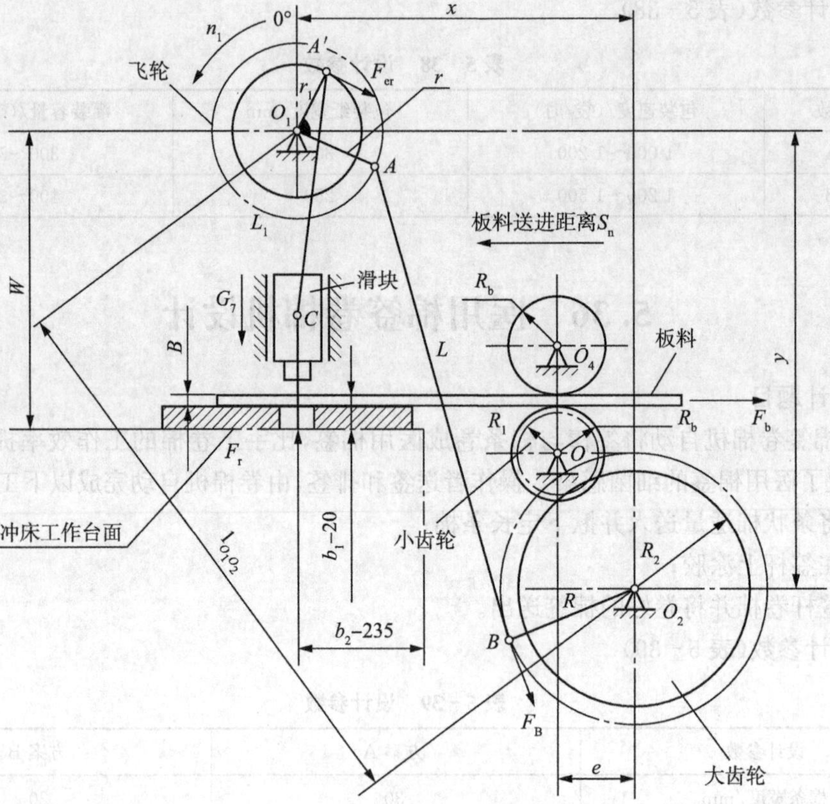

图 5－36　冲床机构运动方案示意图

2. 设计参数与要求

依据冲床工作条件的限制，预先确定了有关几何尺寸和力学参数，如表 5－40 所示。要求设计的冲床机构结构紧凑，机械效率高。

表 5－40　冲床机构设计数据

设计参数	方案 A	方案 B	方案 C	方案 D
生产效率 n/(件/分)	180	200	220	250
送料距离 S_n/mm	150	140	130	120
板料厚度 B/mm	2	2	2	2
轴心高度 W/mm	1 060	1 040	1 020	1 000
冲头行程 H/mm	100	90	80	70
辊轴半径 R_b/mm	60	60	60	60
大齿轮轴心坐标 x/mm	270	270	270	270
大齿轮轴心坐标 y/mm	460	450	440	430
大齿轮轴心偏距 e/mm	30	30	30	30
送料机构最小传动角 γ(°)	45	45	45	45
速度不均匀系数 δ	0.03	0.03	0.03	0.03
板料送进阻力 F_b/N	530	520	510	500
冲压板料最大阻力 F_B/N	2 300	2 200	2 100	2 000
冲头重力 G_7/N	150	140	130	120

3. 设计方案补充说明

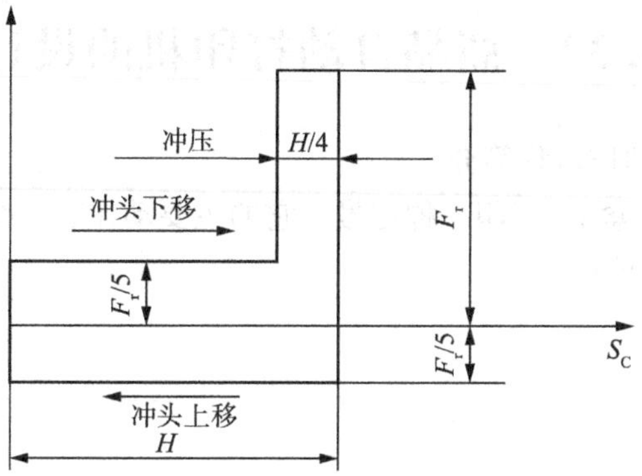

图 5－37 冲头所受阻力曲线

在冲床工作过程中，冲头所受的阻力变化曲线如图 5－37 所示，在不考虑各处摩擦、其他构件重力和惯性力的条件下，分析曲柄所需的驱动力矩。

5.38 自动盖章机的设计

在文件、证件、财务票据、绘画作品上加盖印章是目前证明法律有效性的通用手段，在生活和工作中至关重要。但是大批量盖章处理过程不仅浪费人力、劳动强度大，而且工作效率低、盖章质量不易保证。研制一台自动盖章机代替工作人员完成这些枯燥的工作，是办公自动化的发展需要。

1. 设计要求

(1) 可采用目前传统印章(不用印泥)，适用于常见的几种办公印章结构形状。

(2) 实现在单页 A3、A4 或 B5 纸上盖章，纸的厚度为常见厚度，最大允许装纸量不少于 100 张。

(3) 纸面盖章位置可任意调节，但每摞纸盖章位置不变。

(4) 电源电压为 220V。

(5) 对于工作中出现的非正常情况或危险情况具有保护措施。

(6) 适合于桌面工作，操作简单安全，盖章质量可靠，工作噪声低，结构轻巧，外形美观。

2. 设计参数(表 5－41)

表 5－41 设计参数

设计参数	纸张型号	盖章速度/(张/分)	最大装纸量/张
方案 A	A3	15	100
方案 B	A4	20	120
方案 C	B5	25	150

3. 设计方案提示

(1) 将纸盒中的一叠纸分成单页的方法很多，如靠机械推拉、离心力、摩擦力、静电等分离纸张。

(2) 在盖章的瞬间要求纸静止,因此,纸的输送机构应含有间歇运动机构。

5.39 商品自动打印机的设计

1. 工作原理及工艺动作过程简介

在某商品包装好的纸盒上,打印一种记号。它的主要动作有三个:

(1) 送料到达打印工位;

(2) 打印记号;

(3) 将产品输出。

2. 设计参数(表 5-42)

表 5-42 设计参数

设计参数	纸盒尺寸/mm	纸盒质量/g	生产效率/(次/分)
方案 A	长 100、宽 70、高 30	60	60
方案 B	长 150、宽 100、高 50	150	100

3. 设计方案提示

(1) 从结构简化考虑将送料、夹紧机构合为一体,可以采用凸轮机构或有一定停歇功能的连杆机构;

(2) 打印机构可以采用平面连杆机构或凸轮机构;

(3) 输出机构可以采用连杆机构或凸轮机构;

(4) 由于定位夹紧时在送料方向有一挡块,从结构简化角度考虑,输出运动可与送料运动的方向互相垂直。

(5) 如何使三个执行机构的原动件在一根轴上的问题在设计中要认真考虑。

5.40 制钉机设计

1. 设计题目

制造木工用的大大小小的铁钉,由人工将圆钢丝或方钢丝卷的一端放置在制钉机进料口,由机器自动完成下列工艺动作:

(1) 将钢丝校直并输送到装夹工位;

(2) 夹紧钢丝,在两个工位上分别冷镦钉帽和钉尖(冷镦是在室温下对钢钉毛坯高速打击,在挤压模腔中成型的加工方法);

(3) 从钢丝上切下铁钉。

2. 设计参数(表 5-43)

表 5-43 设计参数

设计参数	铁钉直径/mm	铁钉长度/mm	制钉速度/(枚/分)
方案 A	2	25	200
方案 B	4	50	100

3. 设计方案提示

(1) 需考虑进行校直、送料、冷镦、工位转换、剪切等各种执行机构选型；

(2) 进行执行机构组合方案的评定和选择，画出执行机构组合方案示意图。

5.41　制香机设计

1. 设计题目

该机用于卫生香(即寺庙使用的香)的制造，其工艺原理为将原料研磨成细粉，加水搅拌均匀，形成香的浆料。浆料用泵送入料斗，再从管形挤香口挤出，形成与香一般形状的细条，经剪切、风干后就形成了香。原料由操作者送入搅拌器皿，由机器自动完成如下主要工艺动作：

(1) 搅拌原料(尽可能模拟手动搅拌动作，使浆料搅拌均匀)；

(2) 挤香；

(3) 切断。

2. 设计参数(表 5-44)

表 5-44　设计参数

设计参数	挤香长度/mm	切断香时间/s	出香口直径/mm	生产效率/(炷香/分)
方案 A	500	1.5	10	8～10
方案 B	300	2.5	20	12～15

附录　机械原理课程设计封面格式

华東理工大學
EAST CHINA UNIVERSITY OF SCIENCE AND TECHNOLOGY

20××年机械原理课程设计说明书

设计题目：______________________________

设计者

姓名：________学号：________班级：________
姓名：________学号：________班级：________
姓名：________学号：________班级：________

指导教师：____________

完成日期：20××年××月××日

参考文献

[1] 戴娟. 机械原理课程设计指导书. 北京:高等教育出版社,2011.
[2] 陆凤仪. 机械原理课程设计. 北京:机械工业出版社,2011.
[3] 孙志宏. 机械原理课程设计指导书. 北京:兵器工业出版社,2010.
[4] 刘毅. 机械原理课程设计. 武汉:华中科技大学出版社,2006.
[5] 王淑仁. 机械原理课程设计. 北京:科学出版社,2006.
[6] 强建国. 机械原理创新设计. 武汉:华中科技大学出版社,2008.
[7] 黄纯颖. 机械创新设计. 北京:高等教育出版社,2000.
[8] 张春林. 机械创新设计. 北京:机械工业出版社,2005.
[9] 张晋西. SolidWorks Motion 机械运动仿真实例教程. 北京:清华大学出版社,2013.
[10] (美)DS SolidWorks 公司. SolidWorks Motion 运动仿真教程. 北京:机械工业出版社,2013.